# INTELLIGENCES
## EXTRA-TERRESTRES

Du même auteur

*Introduction à la cosmologie*
Presses universitaires de France, Paris, 1973
Springer-Verlag, Heidelberg, 1980

*Au-delà de notre Voie lactée*
Hachette, Paris, 1979
A.T.E., Barcelona, 1981
Cambridge University Press, Cambridge, 1982

*La Cosmologie moderne*
(avec H. Andrillat, B. Hauck, A. Maeder, J. Merleau-Ponty)
Masson, Paris, 1984, 1988

*À la recherche des extra-terrestres*
(avec J.-C. Ribes)
Nathan, Paris, 1983, 1989

*L'Odyssée cosmique, Quel destin pour l'univers ?*
Denoël, Paris, 1986
Siglo xxi editores, Mexico, 1988
Laterza, Roma, 1988
Cambridge University Press, Cambridge, 1989
Iwanami shoten publishers, Tokyo, 1990
Birkhäuser Verlag, Basel, 1990

*La Vie dans l'univers*
Hachette, Paris, 1990, 1992
McGraw-Hill, New York, 1991

JEAN HEIDMANN

# INTELLIGENCES
# EXTRA-TERRESTRES

Une seconde fois, chère Marie, je te dédie un livre.
Après les Charybde et Scylla de *L'Odyssée cosmique*,
nous voguons maintenant vers de Nouveaux mondes.

# Remerciements

À ma demande, tout mon manuscrit a été lu de façon critique par : Nicole Hallet, assistante ingénieur à l'Observatoire de Paris, Antoine Heidmann, chargé de recherches au CNRS à l'École normale supérieure, Marie-Ange Heidmann, chargée d'exposés au Palais de la Découverte à Paris, Monique Ruyssen, ma petite sœur, ex-Caroline.

Les chapitres correspondant à leurs spécialités l'ont été par : François Biraud, directeur de recherches au CNRS à l'Observatoire de Meudon, Lucette Bottinelli, professeur à l'université de Paris-Sud à Orsay, André Brack, directeur de recherches au CNRS au Centre de biophysique moléculaire à Orléans, Alain Cirou, directeur de la rédaction de *Ciel & Espace*, Yves Coppens, professeur au Collège de France, Emmanuel Davoust, astronome à l'Observatoire Midi-Pyrénées, Lucienne Gouguenheim, professeur à l'université de Paris-Sud à Orsay, Anny-Chantal Levasseur-Regourd, professeur à l'université Pierre et Marie Curie de Paris, Jean-Pierre Luminet, chargé de recherches au CNRS à l'Observatoire de Meudon, Philippe Masson, professeur à l'université de Paris-Sud à Orsay, Thierry Montmerle, physicien au Centre d'études de Saclay, François Raulin, professeur à l'université de Paris-Val de Marne.

Je suis heureux de leur exprimer ici ma reconnaissance pour leurs commentaires et suggestions très appréciés.

Je remercie Jean-Luc Fidel, des éditions Odile Jacob, pour le soin qu'il a apporté à relire mon texte et pour ses suggestions.

# Sommaire

# Ouverture

En cette fin du deuxième millénaire, notre conception du cosmos a pris un tour radicalement inédit ; la perspective que nous ouvre le monde s'est élargie. La vie, désormais, nous apparaît comme un phénomène naturel suscité par l'évolution du cosmos tout entier. S'il en est ainsi, la grande aventure qu'a été son apparition, puis son évolution pourrait très bien s'être déroulée ailleurs que sur terre. La vie a donc cessé d'être pour nous un phénomène exclusivement terrestre pour devenir une possibilité cosmique, qu'il faut considérer à l'échelle de l'univers tout entier. De l'idée de monde physique, nous sommes ainsi passés à celle d'univers biologique.

L'étude de l'origine de la vie, l'exploration de l'espace, l'astronomie nous invitent aujourd'hui à prendre au sérieux l'idée de vie extra-terrestre, jusqu'alors réservée à la science-fiction. D'emblée, une précision s'impose : le mot extra-terrestre évoque naturellement des images issues de *La Guerre des mondes*, des *Envahisseurs*, d'*Alien*, de *ET* ou de *Rencontres du troisième type*. Nous pensons à de gentilles créatures ou à d'horribles monstres doués de pouvoirs étonnants et surtout, nous leur conférons un degré d'intelligence au moins équivalent au nôtre. Dans la littérature ou le cinéma contemporain, l'extra-terrestre est le plus souvent une idéalisation de ce que l'humanité voudrait être ou une caricature de ce qu'elle a peur de devenir. Lorsqu'on imagine des formes de vie extra-terrestre, on néglige en particulier le fait qu'elles pourraient ne pas avoir atteint le niveau d'intelligence et de civilisation auquel se sont élevés les hommes. Or le chemin de l'évolution, à l'échelle cosmique, est complexe. Et pour le comprendre, il faut oublier les petits hommes verts qui hantent notre imaginaire. L'aventure, du reste, n'en devient que plus fascinante... car elle est vraie.

L'évolution du vivant, à l'échelle de l'univers, comprend en fait cinq étapes principales :

— un *stade cosmique*, depuis le *Big Bang*, au cours duquel apparaissent l'espace et la matière, jusqu'à la formation des étoiles et des planètes, plusieurs milliards d'années après, en passant par la synthèse des éléments chimiques, comme le carbone, fondamentaux pour la vie telle que nous la connaissons ;

— un *stade organique*, qui voit la formation des premières molécules servant de base à notre vie, telles celles qui ont été trouvées dans l'espace interstellaire par les radio-astronomes, dans les comètes par les sondes spatiales, dans les météorites tombées sur terre par les biochimistes ;

— un *stade prébiotique*, au cours duquel sont élaborées des « briques » déjà plus complexes, mais pas encore vivantes, comme les acides aminés, constituants essentiels des protéines, ou les bases nitrées, qui forment les barreaux de l'échelle en double hélice de l'ADN ; cette chimie prébiotique est peut-être à l'œuvre sur le satellite Titan de la planète Saturne ;

— un *stade biologique primitif*, comme celui des bactéries, qui ont régné en maîtres pendant les premiers milliards d'années de notre Terre, stade que les astronomes espèrent découvrir, peut-être sous une autre forme, dans le sous-sol gelé de la planète Mars ;

— enfin, un *stade « avancé »*, plus que le nôtre encore peut-être, car rien n'indique dans l'étude de l'univers, bien au contraire, que l'homme soit le sommet de l'évolution du cosmos.

En plus de l'exploration spatiale appuyée par les travaux de la biologie, de la physique et de la chimie, le seul moyen dont nous disposons pour traquer les formes de vie qui pourraient s'être développées par-delà notre atmosphère consiste à guetter patiemment les signaux radio qu'elles pourraient émettre : l'astronome scrutant l'espace est ainsi devenu, derrière ses gigantesques radiotéléscopes, une sorte d'espion, un spécialiste des écoutes... Ce que l'on appelle SETI *(Search for Extra-Terrestrial Intelligence)* est né en 1959. Plus récemment, l'Union astronomique internationale a créé, en 1982, une commission consacrée à la bio-astronomie. Surtout, la NASA a mis en œuvre en 1992 un programme de grande envergure, fondé sur de nouvelles technologies, grâce auxquelles on explorera jusqu'à l'an 2000 des dizaines de millions de canaux de fréquences radio. La France n'est pas en reste.

Mais avant d'imaginer ce fameux jour où peut-être quelqu'un captera un signal artificiel venu de l'espace, partons ensemble à la découverte des implications intellectuelles et des tout derniers développements de la bio-astronomie, cette quête de la vie dans l'univers entreprise par les astronomes.

## Du monde physique à l'univers biologique

L'idée de vie et d'intelligence extra-terrestre a déjà une longue histoire derrière elle, puisqu'elle remonte aux atomistes grecs et à Aristote, au IV$^e$ siècle avant J.-C. Ravivée et confortée par les travaux de Copernic et de Galilée montrant la similarité de la Terre et des cinq astres errants des Anciens (Mercure, Vénus, Mars, Jupiter et Saturne), elle était bien ancrée chez les philosophes du XVIII$^e$ siècle. Mais c'est en 1859 que deux étapes essentielles ont été franchies : cette année-là en effet, Darwin publie son *Origine des espèces* et Kirchoff identifie par spectroscopie les éléments chimiques du Soleil. Désormais, on sait que la vie peut provenir d'une évolution physique et que la matière est partout la même [1].

### La théorie catastrophique de Jeans

Malgré cette avancée, les idées développées au début du XX$^e$ siècle ont été fatales à la notion de vie dans l'univers. Sir James Jeans, en particulier, a élaboré vers 1920 une théorie, dite catastrophique, pour expliquer l'origine de la Terre : cette dernière se serait condensée à partir d'un lambeau de matière arraché au Soleil par une étoile qui l'aurait frôlé de très près. Or de tels rapprochements doivent être extrêmement rares. Donc, les planètes et la vie extra-terrestre aussi.

---

1. Lors du troisième Symposium international de bio-astronomie, qui s'est tenu en 1990 à Val-Cenis, en Haute-Maurienne, l'astronome et historien des sciences Steven J. Dick, de l'US Naval Observatory de Washington, a donné un saisissant raccourci de cette conception moderne.

La notoriété de Jeans était telle que ses idées se sont largement répandues. Cependant, en 1943, un renversement complet a eu lieu : deux compagnons planétaires ont, prétendument, été découverts autour des étoiles 61 du Cygne et 70 d'Ophiucus. Jeans a perfectionné ses calculs et il en est venu à admettre que la « catastrophe » pourrait arriver à une étoile sur six. Surtout, Carl von Weisäker a donné une forme nouvelle à la théorie de la nébuleuse primitive, qui remonte à Laplace. De plus, on s'est aperçu que les conceptions de Jeans souffraient d'un grave défaut : la rencontre de deux étoiles ne peut pas conduire à des planètes ayant des orbites circulaires autour du Soleil.

### *L'envolée*

Ainsi, à nouveau, les progrès réalisés par les astronomes rendirent vraisemblable l'hypothèse selon laquelle il existerait des milliards de planètes. Dans le même temps, en 1938, Oparin publia ses travaux sur l'origine de la vie et Miller réalisa sa première synthèse des briques du vivant, tandis que se tint le premier Symposium international sur l'origine de la vie. Tout était prêt pour l'éclosion de SETI.

C'est en 1959 que Giuseppe Cocconi et Philip Morrison publient la première étude scientifique sur la possibilité d'échanger des signaux radio sur des distances interstellaires, tandis que Frank Drake construit un récepteur spécial et conduit la première écoute de deux des étoiles les plus proches. Depuis, trente ans ont passé, et SETI, fort des progrès accomplis par la bioastronomie, s'attaque, par l'observation, à cette question doublement millénaire : sommes-nous seuls ou non dans cet univers biologique ? La science, en ce domaine plus qu'en d'autres peut-être, rejoint les interrogations les plus fondamentales sur le quoi, le comment et surtout le pourquoi de notre condition si modestement humaine.

### Faits, spéculations, fictions et crédits

Pour nous guider dans la recherche de la vie dans l'univers, nous ne disposons malheureusement que d'un seul exemple, celui de la

Terre. Bien sûr, on peut essayer d'extrapoler pour tenter de découvrir d'autres filières que celle que nous connaissons, fondée sur la chimie du carbone. Pourquoi ne pas imaginer une vie qui repose sur la chimie du silicium ? De même, la vie terrestre dépend de réactions chimiques produites dans l'eau. Pourquoi alors ne pas considérer d'autres solvants ?

Ces extrapolations peuvent trouver, grâce aux études de laboratoire, des encouragements ou des réfutations assez rapides. En fait, elles ne s'éloignent pas tellement de nos caractéristiques de base, en particulier de nos possibilités de reproduction ou d'auto-entretien, de transformation de l'énergie, de récolte et de traitement d'informations sur le milieu ambiant. Elles ne nous fournissent pas de filière vraiment nouvelle ou exotique. Avec elles, nous en restons pratiquement au modèle de la vie telle qu'elle s'est développée sur terre.

On peut envisager des extrapolations plus hardies. Ainsi, des astronomes ont imaginé une vie fondée sur les neutrons des étoiles à neutrons. On peut effectivement concevoir des systèmes capables, dans un tel milieu, de plus ou moins remplir les fonctions principales de la vie. Cet environnement comporte en effet de l'énergie et des particules assujetties à une physique assez extraordinaire, celle des milieux dits dégénérés en physique quantique. Le tout peut conduire à la construction éventuelle de structures et au traitement d'informations.

## Le nuage noir de Hoyle

L'un des modèles de vie les plus anciens et les plus crédibles du point de vue de la physique a servi de thème au *Nuage noir*, roman de science-fiction écrit par le célèbre et très original astrophysicien britannique Fred Hoyle. Ce dernier a inventé des êtres constitués de nuages de gaz interstellaire magnétisé ; des tubes de flux des champs magnétiques véhiculent les particules électrisées, électrons et ions, comme des globules de sang dans un réseau d'artères et de veines ; l'information est stockée et traitée comme dans un ordinateur dont les composants électroniques, au lieu d'être solides, sont constitués par ce plasma, gélifié par les champs magnétiques ; en outre, ces nuages peuvent emmagasiner de l'énergie. Ils mènent une vie idéale, communiquant entre eux dans l'espace par ondes radio. Lorsque leurs réserves d'énergie baissent, ils se propulsent au voisinage d'une étoile en éjectant des particules. C'est d'ailleurs ainsi que l'histoire commence pour les humains : un de ces nuages s'installe autour du Soleil pour capter son énergie, semant la panique par ses effets d'obscurcissement de la Terre et ses perturbations gravitationnelles.

Les extrapolations audacieuses ne sont pas interdites au scientifique. Elles peuvent effectivement ouvrir des voies ou des perspectives nouvelles. Mais pour parer à des égarements, très probables, et catastrophiques pour la connaissance, le chercheur se doit de proposer au plus tôt des vérifications à ses hypothèses. Il doit donc en déduire des conséquences qui peuvent être observées.


*Les sphères de Dyson*


Un bon exemple de tentative de vérification a été fourni à propos des civilisations de type II, telles que les conçoit Kardashev. Ce dernier appelle civilisation de type II celle qui réussit à maîtriser pour ses besoins l'énergie globale de son étoile centrale. Selon les lois de la thermodynamique, une civilisation de ce type doit obligatoirement rejeter dans l'espace une bonne fraction de cette énergie sous forme de rayonnement infrarouge. Pour Dyson, des civilisations de ce type pourraient avoir utilisé les matériaux de leurs astéroïdes afin de construire une immense pellicule englobant leur étoile et permettant d'en capter l'énergie ; ces sphères, sources infrarouges, pourraient donc être observées.

Par la suite, le satellite IRAS (InfraRed Astronomical Satellite) a repéré sur le ciel 130 375 sources infrarouges coïncidant avec des étoiles ; parmi elles, Jun Jugaku, professeur à l'université Tokai au Japon, a repéré 594 étoiles qui ressemblent à notre Soleil et qui pourraient donc abriter une forme de vie. Pour détecter une éventuelle émission infrarouge supplémentaire, donc artificielle, il lui a fallu comparer avec des mesures de l'émission ordinaire des étoiles elles-mêmes, relevées dans un autre catalogue. Une fois ce travail accompli, il ne restait plus que cinquante-quatre candidates. Enfin, parmi celles-ci, trois seulement présentaient un excès infrarouge.

Mais, après une analyse plus fine, il s'est avéré que celui-ci provenait en fait de causes naturelles. D'où la conclusion de Jugaku : pas d'évidence de sphère de Dyson parmi les 54 candidates. Une recommandation cependant : mesurer beaucoup plus d'étoiles en émission ordinaire permettrait d'exploiter au mieux l'immense richesse du catalogue IRAS. Donc, la spéculation Kardashev-Dyson n'est pas confirmée, mais il serait intéressant de poursuivre son étude, encore relativement pauvre.

*Questions de crédits*

On le voit, pour rechercher la vie dans le cosmos, il faut développer des instruments ou des technologies nouvelles d'observation et d'expérimentation. Il faut donc, tout naturellement, des crédits. Or la science est en général organisée de telle façon que les crédits proviennent d'instances gouvernementales, responsables devant les contribuables ; elles ne distribuent des fonds qu'aux projets qui paraissent les plus sérieux. Conclusion : comme il est très difficile d'obtenir des crédits, même pour la science la plus rigoureuse, il est hors de question de proposer des programmes de recherche fondés sur des spéculations, et encore moins sur des fictions.

En conséquence, pour rechercher la vie dans l'univers, les scientifiques doivent s'appuyer sur des faits. Malheureusement, nous n'avons qu'un seul exemple : celui de la vie sur terre.

**Le cas de la Terre**

*L'âge de la Terre*

Notre Terre s'est formée il y a 4 555 000 000 ans. Elle a mille fois l'âge des premiers de nos ancêtres qui ont marché debout. Elle est un million de fois plus vieille que nos premières civilisations historiques. Son âge est connu avec une précision étonnante pour un astrophysicien qui, en général, doit se contenter de quelques dizaines de pour-cent, tant les données sont difficiles à arracher au cosmos ou les théories à échafauder. En comparaison, le *Big Bang* ne peut qu'être situé entre une douzaine et une vingtaine de milliards d'années.

Pour les mesures concernant notre globe, le dixième de pourcent est atteint, et ce grâce à l'évaluation de la radioactivité des plus anciens noyaux d'atomes qu'il contient : leurs périodes de désintégration sont très bien connues et sont insensibles à toute influence étrangère. Il a donc suffi de mesurer, le plus correctement possible, et non sans difficultés, les abondances relatives des noyaux formés par les désintégrations par rapport aux noyaux d'origine, pour établir l'acte de naissance de la Terre.

Elle correspond au moment où notre globe s'est constitué sous forme d'une condensation isolée du reste de la nébuleuse primitive, c'est-à-dire au moment où la quasi-totalité de la masse terrestre a été rassemblée en une sphère dense. On estime qu'entre le début et la fin de la condensation, c'est-à-dire entre l'effondrement de la nébuleuse protosolaire et l'agglomération de la Terre, il s'est passé une centaine de millions d'années, temps assez court à l'échelle cosmique.

### État primitif

À sa naissance, le globe était entièrement fondu à cause de la chaleur dégagée par la chute des planétésimales, noyaux de comètes, agrégats de poussières et gaz sous l'effet d'attraction de la jeune Terre. Cette fusion a permis la différenciation du globe : les éléments lourds, fer, nickel, se sont rassemblés au centre pour former le noyau, surmonté ou enrobé du magma primitif. L'atmosphère primordiale épaisse qui l'entourait provenait du dégazage de la masse en fusion. Elle était comparable aux gaz rejetés par les éruptions volcaniques, avec du gaz carbonique, de l'azote, et d'autres molécules plus complexes, comme du méthane et de l'acide sulfurique.

Cette atmosphère primitive a dû être soufflée, en grande partie, par de puissants vents produits par les activités violentes du jeune Soleil dans sa phase transitoire T Tauri. Il est possible que plus tard, dans la première centaine de millions d'années qui a suivi, une deuxième atmosphère « primitive », composée essentiellement de vapeur d'eau et de gaz carbonique, ait été importée d'au-delà de Jupiter par des comètes.

Puis, le globe a commencé à se refroidir ; les silicates sont remontés à la surface du magma et ont commencé à se solidifier. Les plus anciens radeaux granitiques connus, ceux qui constituent le substratum du bouclier canadien par exemple, sont datés de 3,8 milliards d'années dans le passé. L'atmosphère aussi s'est suffisamment refroidie pour que la vapeur d'eau se condense en gouttes liquides. Une pluie phénoménale a alors commencé à tomber et certains géophysiciens estiment qu'elle a duré, sans discontinuer, pendant dix millions d'années. Si un petit ancêtre de l'être humain avait été témoin de cette pluie diluvienne, il aurait pu l'assimiler au mythe traditionnel du Déluge.

*La planète-océan*

Par contre, cette pluie sans égale nous a laissé un souvenir, un cadeau plutôt : ce serait grâce à elle que l'atmosphère s'est débarrassée de presque tout son gaz carbonique. Sinon, ce gaz, si abondant alors, nous aurait enveloppés d'une épaisse couche et la pression au sol aurait atteint une centaine d'atmosphères, engendrant un effet de serre catastrophique. La Terre aurait connu le sort de notre sœur et voisine Vénus, dont la température s'élève à 450° C en surface, et nous ne serions pas là !

Comment ce cadeau nous a-t-il été donné ? Cette pluie, mélange d'eau et d'acide sulfurique, a dissous le calcium des basaltes et des granites de la croûte primitive ; ce calcium a réagi avec le gaz carbonique atmosphérique pour donner du carbonate de calcium, qui s'est déposé dans le fond des jeunes océans, où il s'est accumulé en sédiments calcaires de plus en plus épais.

Ce transfert du gaz carbonique aérien en calcaires souterrains a changé le sort de la Terre. Elle est devenue la planète-océan. Son atmosphère résiduelle n'a pas produit d'effet de serre, mais elle est restée assez dense pour la protéger du froid interplanétaire. Elle a donc pu se lancer vers l'aventure de la vie, puisque sa température est demeurée comprise entre 0 et 100° C, condition d'existence de l'eau liquide à la pression ordinaire.

Moins de 700 millions d'années après sa naissance, la Terre prend un aspect plus clément. Des amorces de continents stériles émergent d'un océan global, sous une atmosphère essentiellement composée d'azote, avec des appoints de vapeur d'eau, de gaz carbonique, de méthane. De lourdes volutes de fumées épaisses s'élèvent en altitude, provenant de volcans puissants ou de bombardements météoritiques gigantesques.

En fait, ce bombardement, si intense lors de la formation de la Terre, n'a pas cessé subitement ; il mettra quelques centaines de millions d'années pour s'amenuiser ; même aujourd'hui, nous en sommes encore témoins avec les étoiles filantes, les météorites comme celle qui a créé le Meteor Crater, la grande chute d'un astéroïde lors de la transition du Crétacé au Tertiaire, ou encore le morceau de comète tombé dans la Tungunska.

Dans le paysage minéral d'il y a 3,8 milliards d'années, brille déjà dans le ciel notre Lune. Elle est immense, car beaucoup plus proche alors de nous qu'aujourd'hui, puisqu'elle n'a pas encore été repoussée par les effets des marées. Pourtant, elle a presque sa physionomie actuelle. Un observateur aurait pu y voir, de temps en temps, la chute d'un de ces corps célestes retardataires : tout à coup une immense corolle conique d'éclats en fusion s'élève, puis retombe au bout de plusieurs minutes, laissant sur le sol une trace rougeoyante qui s'éteindra progressivement au cours des mois.

Le premier stade dans l'histoire de la vie sur Terre a été franchi : c'est l'étape cosmique, qui a fonctionné selon les lois d'un univers purement physique dans le sens habituel. Le décor est planté pour le second acte : l'étape organique. Mais le premier était bien plus grandiose : il mettait en scène l'univers tout entier.

# La perspective bio-astronomique

Chapitre 1

# Le stade cosmique

## Big Bang, espace, matière

Éruptions volcaniques, tremblements de terre, sécheresses, inondations, cyclones, tornades, tsunamis, toutes catastrophes naturelles qui terrifient les hommes, et contre lesquelles certains s'insurgent, accusant un sort néfaste. Et pourtant, il faut comprendre un fait fondamental. Contrairement à une vue assez répandue qui a transfiguré un cosmos aveugle en une Nature mère, toute protectrice et bienveillante pour l'humanité, l'univers est pour le moins complètement indifférent à elle. D'après un tanka japonais du XIV$^e$ siècle, nous ne sommes tout au plus qu'une écume évanescente à la surface d'un océan agité. Notre histoire, notre aventure, ne sont qu'une odyssée cosmique, titanesque bien souvent, dérisoire aussi. Et typhons et éruptions ne sont que de petits aléas de la terrible scène cosmique.

À côté d'eux, des catastrophes autrement importantes auraient pu frapper l'univers entier. La matière aurait pu ne pas exister. Et sans matière, comment la vie aurait-elle pu apparaître ? Pire encore, l'espace aurait pu ne pas exister. Et sans espace, comment concevoir la vie ?

## Le Big Bang inflationnaire

Ces interrogations sont nées de la théorie du *Big Bang* inflation-naire, résultat de l'alliance de deux disciplines scientifiques diffé-rentes : la cosmologie, d'une part, qui tente d'appréhender l'histoire de l'univers dans son ensemble, sur une grande échelle de temps et d'espace, et la physique de la matière, d'autre part, qui essaie de remonter aux sources fondamentales et intrinsèques des pro-priétés, de la nature et de l'origine des particules élémentaires à la base de cette matière.

Cette collaboration d'une décennie entre astronomes cosmolo-gistes et physiciens des particules a été suscitée par un besoin bien terre à terre : pour tester leurs nouveaux développements, les phy-siciens avaient besoin de particules très énergiques, que seuls les premiers instants du *Big Bang* pourraient fournir ; plutôt que de construire des accélérateurs de dimensions astronomiques, bien plus grands que la Terre, il fallait rechercher dans l'univers des effets permettant de tester la physique des particules.

## Le flou quantique

La base de la physique des particules élémentaires est la théorie quantique, inaugurée par Louis de Broglie en 1923 et sa relation onde-corpuscule : le comportement de toute particule élémentaire est régi par une onde associée qui évolue selon certaines équations. Cette onde peut être comparée à des rides ou à des vagues à la surface d'un lac, se propageant selon les lois de la physique des liquides. Ainsi, un coup de bâton frappé en un point crée une perturbation du niveau qui se propage en vagues circulaires, vagues qui peuvent rencontrer un quai, s'y réfléchir et en retour se mélan-ger aux suivantes pour créer des interférences...

Les ondes de Louis de Broglie s'interprètent comme chiffrant la probabilité de trouver la particule, associée à l'onde, à tel endroit à tel moment. Plus l'onde est forte, plus les chances sont grandes.

Ainsi, au moment du coup de bâton, la particule serait là où le coup a frappé ; ensuite, elle pourrait être en n'importe quel point d'une ride circulaire, et, plus tard, de préférence là où l'onde réfléchie par le quai se combine favorablement aux autres rides...

Pour notre logique de tous les jours, le fait le plus frappant de cette association, ou dualité onde-corpuscule, est qu'une particule présente un flou à la fois dans sa position et dans sa vitesse. Selon la physique classique, tel électron, à tel moment, est à tel endroit et se meut à telle vitesse. D'après la physique quantique, on ne peut que donner des probabilités : l'électron serait plutôt dans telle zone avec telle plage de vitesses possibles. C'est cela le flou quantique.

Pendant un demi-siècle, on a débattu de cet étrange aspect de la nature. Einstein et d'autres pensaient que nos théories physiques nous masquaient encore des paramètres « cachés » que l'on finirait par découvrir pour pister les particules. D'autres reconnaissaient là une propriété fondamentale de la nature. Ce n'est que ces dernières années que des expériences cruciales, en particulier celles menées par Alain Aspect à l'École normale supérieure, ont tranché pour la seconde alternative.

Le flou quantique n'est pas indéterminé ; il est chiffré par les relations d'incertitude de Heisenberg : « le produit de l'incertitude de position par l'incertitude de vitesse est égal à h divisé par m », où m est la masse de la particule et h la constante de Planck. Ainsi, plus la masse est grande, plus les incertitudes sont petites : on retombe sur la physique classique. Quant à h, c'est une constante fondamentale de notre cosmos, au même titre que la vitesse de la lumière c et que la constante de la gravitation de Newton G. De plus, avec h, c et G, Planck a calculé, dès 1899, un temps et une longueur, $10^{-43}$ seconde et $10^{-33}$ centimètre, qui jouent aujourd'hui en cosmologie un rôle fondamental.

Ainsi, selon la théorie de la relativité générale d'Einstein, cette autre théorie fondamentale du $XX^e$ siècle, à $10^{-43}$ s, le cosmos observable avait une taille de $10^{-33}$ cm. Il était alors assez petit pour tomber sous la coupe de la physique quantique. C'est à ce moment et avec cette taille qu'on perd la trace de son histoire passée et que l'instant « zéro » du *Big Bang* se dilue dans les brumes du flou quantique.

Même si une théorie cohérente fusionnant la physique quantique et la physique relativiste nous était connue, elle ne pourrait que nous donner des probabilités sur ces étapes critiques. Voici par exemple deux possibilités offertes par des calculs numériques semi-empiriques. Dans le passé indéfini, le cosmos pourrait avoir vécu une phase de contraction vers un « grand effondrement » (le *Big Crunch*), plus ou moins symétrique de son expansion actuelle ; au voisinage de l'instant « zéro », pendant quelque temps de Planck, il aurait pu, en plus, subir plusieurs violentes oscillations. Inexistant dans le passé indéfini, il aurait pu aussi apparaître quelque temps de Planck avant « zéro », peut-être très grand, pour se précipiter, aussi, vers le *Big Crunch* précédant notre expansion actuelle.

L'époque située au voisinage de l'instant « zéro », à quelque temps de Planck près, est très difficile à appréhender encore. Des hypothèses théoriques plus charpentées ont été proposées, comme celle du *Big Bang* chaotique. Selon elle, l'expansion pourrait se faire de façons différentes dans des directions différentes. A. D. Linde a imaginé des univers auto-reproducteurs où des mini-univers forment une série de « bulles » reliées par des tubes entremêlés, ressemblant à une boule de mousse savonneuse ; sur ces bulles, en expansion rapide, se forment des pustules qui, en s'agrandissant, engendrent de nouvelles bulles.

Toutes donnent l'image d'univers innombrables, connectés ou séparés, avec chacun des propriétés géométriques et physiques différentes. Nous, nous serions dans un de ces univers, avec ses propriétés spécifiques.


*Univers en nombre indéfini*


Le résultat déconcertant de ces considérations est que la création de notre monde s'est jouée aux dés. En particulier, après $10^{-43}$ seconde, le cosmos où nous sommes plongés aurait pu être contenu dans un espace sphérique ou euclidien ou hyperbolique, fini ou infini, pour ne citer que les cas préoccupant les cosmologues depuis que, il y a un demi-siècle, les principaux modèles d'univers ont été déduits de la relativité générale par Alexandre Friedmann.

Dans cette collection indéfinie d'espaces de toutes sortes, la plupart sont inaptes à l'apparition de la vie. Par exemple, certains se seraient trop vite recontractés pour finir leur carrière dans un *Big Crunch*, bien avant que quelques milliards d'années aient permis de parcourir le long chemin pouvant mener à la vie. Seuls quelques-uns, par-ci par-là, auraient pu posséder les qualités requises pour la vie. Si le nôtre fait partie des élus, il ne faut pas nous en étonner puisque nous sommes là pour nous en apercevoir ; les univers mort-nés ou mal formés n'ont pas de témoins.


## La grande unification


Cette théorie, très spéculative, ne concerne que le voisinage de l'instant « zéro », jusqu'à quelque $10^{-43}$ seconde. Par contre, une théorie beaucoup plus satisfaisante s'est développée pour l'histoire du cosmos à partir de $10^{-35}$ seconde, c'est-à-dire, on a peine à s'en apercevoir, cent millions de fois plus tard.

Cette conception est fondée sur l'application aux premiers instants du cosmos de la théorie de la « grande unification », qui est elle-même une généralisation de la théorie électro-faible unifiant deux des interactions fondamentales de la nature : — l'interaction électromagnétique, régissant le comportement des particules chargées : électrons, protons, courants, champs électriques et magnétiques, ondes électromagnétiques visibles, radio, etc., — et l'interaction nucléaire faible, régissant certaines désintégrations nucléaires, dont la plus simple est celle du neutron libre en un proton et un électron.

Cette première tentative d'unification de deux des interactions de la nature a été un énorme succès ; elle prédisait l'existence des bosons intermédiaires Z et W, cent fois plus massifs que les protons, qui ont été effectivement découverts grâce au grand accélérateur européen du CERN, à Genève.

Sur sa lancée, la « grande unification » a tenté un troisième ralliement, celui de l'interaction nucléaire forte, qui régit tout le reste de la physique nucléaire : interactions entre protons et neutrons, dans les noyaux atomiques ou dans les collisions, le tout fondé sur la chromodynamique quantique, c'est-à-dire la physique des quarks, sous-éléments fondamentaux des protons et neutrons.

Or la « grande unification » prédit l'existence de bosons X, qui n'ont pas des masses 100 fois plus grandes que celle du proton, mais $10^{15}$ fois ! Bien sûr il n'est pas question de construire un super-CERN à l'échelle de la galaxie pour tenter de découvrir les bosons X ; c'est bien pourquoi les physiciens de la « grande unification » se sont tournés vers les cosmologues : avant $10^{-35}$ seconde, le cosmos avait une température supérieure à $10^{27}$ degrés, assez élevée pour pouvoir créer des bosons X et on pouvait alors tenter de suivre éventuellement leur destin, peut-être jusqu'à nos jours, pour les étudier, par des effets fossiles (monopôles magnétiques, cordes cosmiques, parois cosmiques, etc.).

Voilà pour la base du modèle théorique.

*Brisure de symétrie*

En ce qui concerne le *Big Bang*, l'histoire se prend à l'instant $10^{-35}$ seconde, bien après le $10^{-43}$ seconde de la fin du flou quantique. La physique actuelle ne permet pas d'aborder cet intervalle de *terra incognita*. En ces temps et en ces lieux, l'univers est rempli d'un véritable magma de bosons X, de quarks et d'antiquarks, de bosons W et Z, de photons, le tout sous la coupe de l'interaction unifiée ; il y a symétrie complète entre les trois interactions électromagnétique, nucléaires faible et forte car leurs trois sortes de bosons (photons, bosons W, Z et X) ont les mêmes possibilités de création à partir du haut état énergétique du magma, représenté par l'énorme température, supérieure à $10^{27}$ K.

Mais, à cause de l'expansion, la température baisse et passe en dessous de $10^{27}$ K : les bosons X ne peuvent plus être créés et disparaissent. Une brisure de symétrie se produit dans l'interaction, qui a pour effet de faire apparaître d'autres bosons, les bosons de Higgs, encore énigmatiques, il faut le reconnaître. Ceux-ci ont tendance à se disposer « parallèlement » l'un par rapport à l'autre et à libérer une énergie colossale, un peu comme les molécules d'eau qui, en gelant, s'orientent en cristaux dans la glace tout en libérant l'énergie latente de cristallisation. On a affaire à une transition de phase, de l'état symétrique de la « grande unification », à un état à symétrie brisée, comme pour le passage de l'eau liquide, symétrique, à la glace, à symétrie brisée.

Mais, comme pour l'eau, la transition de phase n'est pas automatique ; il peut y avoir surfusion, l'eau pouvant rester liquide en dessous de $0°$ C, pour finir quand même par se prendre en glace d'un coup en libérant son énergie latente. Pour les bosons de Higgs, on estime que la « surfusion » peut persister jusqu'à $10^{-32}$ seconde.

## L'apparition de l'espace

C'est maintenant que s'insère la période inflationnaire de l'expansion : de $10^{-35}$ à $10^{-32}$ seconde, l'énergie latente de transition de phase, non libérée, provoque une expansion exponentielle catastrophique de l'espace. À la fin de cette phase, il aura été distendu d'un facteur énorme, $10^{50}$ fois selon certaines évaluations.

Quand la « surfusion » cesse, les bosons de Higgs s'ordonnent « parallèlement » par populations entières, mais leur direction peut varier d'une région à une autre. Tout se passe comme lorsque l'eau surfondue se prend en glace : le bloc n'est qu'un fouillis de cristaux entremêlés avec toutes les orientations possibles. Chaque cristal est séparé des autres par des parois communes.

Pour l'espace, il en serait de même : les « cristaux » d'espace, définis par une population orientée d'une certaine façon, sont séparés les uns des autres par des « parois cosmiques », lesquelles sont en fait des défauts dans la structure de l'espace, où la surfusion n'a pas cessé.

## L'apparition de la matière

Selon la théorie, la fin de la surfusion libère une énergie colossale, qui crée une multitude de particules et antiparticules de toutes sortes, dont des quarks et des antiquarks. Cet événement peut être considéré comme la « seconde détonation » du cosmos, un quasi-second *Big Bang*, marquant l'apparition de la « vraie » matière, c'est-à-dire la matière sous sa forme actuelle.

Ces développements, étonnants, sont encore spéculatifs, mais, selon Denis Sciama, un des cosmologues actuels les plus clairvoyants, « il est difficile de croire que tout est faux et/ou illusoire [...] Nous sommes les témoins de l'apparition de nouvelles possibilités imaginatives pour la compréhension de l'univers ».

Il ne faut pas oublier que l'hypothèse du *Big Bang* est fondée sur la fuite des galaxies, qui repose elle-même sur l'interprétation des décalages vers le rouge des raies de leur spectre par un effet Doppler-Fizeau. Or les observations extragalactiques de Halton Arp, le célèbre observateur du Mont Palomar, aujourd'hui au Max Planck Institut für Physik de Munich, ont attiré l'attention sur le fait que certains décalages spectraux pourraient ne pas être dus à une vitesse de fuite.

Sans aucunement remettre le *Big Bang* en cause, ces observations pourraient indiquer que, dans le domaine extragalactique, certains pans de la physique de base pourraient nous être encore inconnus. Mais la prudence est de rigueur. Si on me demandait mon opinion, je parierais à 30 contre 1 pour le *Big Bang*.

Des décalages spectraux anormaux sont concevables dans le cadre de la relativité générale. Ainsi Jean-Pierre Luminet, chargé de recherches à l'Observatoire de Meudon, étudie des effets d'« images fantômes » que des connexions dans la structure de l'espace, comme des « trous de ver », pourraient créer.


## La seconde la plus longue


Tandis que l'expansion traditionnelle, bien plus lente, de la relativité générale, commence son cours après la « seconde détonation », particules et antiparticules se recombinent, et cela de plus en plus au fur et à mesure que le cosmos se refroidit. On estime qu'en une seconde, tout est annihilé au profit de photons. Mais ici, un fait extraordinaire entre en jeu : la « grande unification » prédit une légère dissymétrie entre quarks et antiquarks en ce sens que les quarks ont été créés en léger excès par rapport aux antiquarks, d'un milliardième seulement. De sorte que, lorsque tous les antiquarks se seront annihilés avec des quarks, il restera un petit résidu de quarks sans contrepartie. C'est à ces miraculeux quarks que nous devons notre matière de tous les jours, donc notre vie. Selon ces vues, cette fameuse seconde, entre $10^{-32}$ seconde et 1 seconde, a joué dans notre destin un rôle fondamental. C'est pourquoi je l'appelle souvent « la seconde la plus longue ».

## La grandiose fresque

Après « la seconde la plus longue », l'univers continue sa course selon le scénario désormais classique de la relativité générale, celui de « la grandiose fresque ». Il est rempli d'un mélange compact de photons, protons, neutrons et électrons à 10 milliards de degrés. Dix secondes après il est assez refroidi pour entamer un quart d'heure de réactions nucléaires intenses, où protons et neutrons ont synthétisé 25 % de noyaux d'hélium.

Puis, pendant trois cent mille ans, plus rien d'intéressant ne se passe, jusqu'à ce que, la température chutant sous 5 000°, les électrons se lient aux protons et noyaux d'hélium pour former les premiers atomes. Pendant des dizaines de millions d'années, rien de notable ne se produit, excepté que vers 10 millions d'années la température était d'un confortable 20° C. Par contre, à cent millions d'années, il ne fait plus que − 200° C. L'univers est-il au bout de sa carrière ? Quel triste destin après un départ si dynamique...

## Systèmes planétaires

Penser que le cosmos puisse finir comme un espace de plus en plus dilaté, parsemé d'un gaz de plus en plus ténu et froid d'hydrogène et d'hélium, ce serait oublier le hasard. Car c'est grâce à lui et peut-être à des irrégularités révélées sur le fond cosmique à 2,7 K dès 300 000 ans après le *Big Bang* par le satellite COBE en 1992, que, dans ce gaz, sont apparues des régions où la densité était un peu plus forte. Parmi elles, certaines ont été assez marquées pour qu'entre en jeu la quatrième interaction de la nature : l'attraction gravitationnelle.

Comment se sont formés les amas de galaxies, les galaxies, les étoiles, au cours des premières centaines de millions d'années, est encore un mystère. Par contre, la formation d'étoiles bien plus récentes et d'éventuelles planètes, commence à être un peu mieux comprise.

Grâce à la gravitation, se sont formées, par chute vers leurs centres, des sphères gazeuses de plus en plus massives, de plus en plus échauffées par l'énergie de chute, où en définitive des réactions thermonucléaires se sont amorcées ; c'est la naissance des étoiles, dispensatrices de la lumière et de la chaleur dont notre vie dépend. Le processus de condensation est très complexe et ce n'est que ces dernières années, à l'aide d'instrumentations nouvelles, qu'il commence à nous être dévoilé, en pleine action, sur le vif, dans l'espace interstellaire.

*Nuages moléculaires géants*

Tout part des « nuages moléculaires géants », vastes nuages froids atteignant des dizaines d'années-lumière de diamètre et des masses égales à celle d'un million de Soleils, contenant surtout de l'hydrogène moléculaire et de la poussière. Un des plus beaux exemples est W49A ; pourtant situé dans les parties lointaines de notre galaxie, à 50 000 années-lumière, complètement caché par les poussières de la Voie lactée, cet immense complexe a été dévoilé par ondes radio. Des étoiles puissantes, de 50 masses solaires chacune, y sont apparues, au sein de globules de gaz ionisé de dizaines de milliers d'unités astronomiques (U.A., la distance Terre-Soleil). Elles sont disposées tout au long d'un collier de six années-lumière de diamètre, en rotation autour du noyau central, plus dense, rassemblant 50 000 masses solaires.

Les raies spectrales de l'oxyde de carbone, du sulfure de carbone, de l'oxyde de silicium, de l'ammoniac et du formaldéhyde en ont permis une étude cinématique impressionnante ; la zone moyenne du nuage géant s'effondre vers le collier avec une vitesse de 14 km/s, créant une onde de choc qui l'atteindra d'ici un million d'années.

Dans cette machine titanesque, des champs magnétiques doivent jouer un rôle important ; leurs lignes de force obligent les particules ionisées à circuler en spires enroulées autour d'elles. Un faisceau de lignes de force se comporte comme un tube d'écoulement, les empêchant de dériver par le travers de façon efficace. Ces champs magnétiques doivent intervenir dans la formation collective et organisée des étoiles du grand nuage moléculaire W49A.

*Nuages noirs et étoiles T Tauri*

À l'opposé de ces immenses complexes, des étoiles plus banales apparaissent dans les « globules de Bok », dont la taille n'excède pas une année-lumière. Ils sont totalement noirs de poussières et il ne s'y forme que quelques étoiles de masse à peine égale à celle du Soleil. Mais on peut les observer, grâce à la lumière infrarouge qui traverse le cocon de poussières, pendant la phase finale de leur formation, le stade « T Tauri ». La proto-étoile est alors soumise à des événements violents qui peuvent durer cent mille ans : vent stellaire magnétisé, présence d'un disque d'accrétion créé par le rassemblement de gaz et de poussières en orbite autour de la jeune étoile, dans son plan équatorial, effet de dynamo interne par courants de matière ionisée dans le corps de l'étoile, donnant une activité de type solaire, avec de larges taches pouvant couvrir un quart de la surface.

Un bon exemple est HL Tauri, déjà pourvu d'un disque d'accrétion de 1 000 U.A. contenant 0,1 masse solaire (soit 10 fois la masse de nos planètes) de gaz et de poussières plus petites que le micron.

On estime qu'une dizaine de millions d'années après le début de sa contraction, le nuage interstellaire a donné naissance à des étoiles dans leur stade T Tauri ; à l'échelle cosmique, la formation des étoiles est donc très rapide.

*Jets et disques de gaz*

Un stade intermédiaire est fourni par certaines nébulosités dites de Herbig-Haro. Le plus beau cas est HH 111 d'où s'échappent deux jets exactement opposés produits par une étoile en formation en son sein. Ces jets de gaz ionisés, rectilignes, supersoniques et turbulents, de deux années-lumière de long, filant à plusieurs centaines de kilomètres par seconde, viennent buter contre du gaz interstellaire et le rendent luminescent.

Mais L1551 est encore plus révélateur car on a pu y mettre en évidence à la fois le jet et le disque d'accrétion, en forme de tore, et l'enveloppe circumstellaire gazeuse de la jeune étoile. Le jet est perpendiculaire au disque, car c'est seulement ainsi qu'il réussit à sortir, par les pôles du disque, guidé par le champ magnétique dipolaire global, tandis que le vent solaire repousse les parties centrales du disque pour le transformer en tore.

Grâce à ces informations, on a pu reconstituer un scénario de cette étape cruciale dans la formation de futurs systèmes planétaires. Une onde de choc frappe le nuage moléculaire L1551, en comprime une tranche, qui s'effondre alors le long des lignes de force de son champ magnétique et forme un disque mince perpendiculaire à ce champ. Ce disque se contracte radialement et se met en rotation, tandis qu'au centre se forme l'étoile. Par sa jeune activité, celle-ci souffle au loin le matériau du nuage le long du champ, en deux jets opposés perpendiculaires au disque.


*Disques protoplanétaires*


Nous voici tout naturellement conduits vers les disques proto-planétaires. Malgré la découverte de nouveaux candidats, le meilleur cas reste toujours celui de bêta Pictoris, découvert par hasard lors des débuts du satellite infrarouge IRAS. Ce disque plat, vu presque par la tranche, a un diamètre de 1 000 U.A. ; il tourne autour d'une étoile située à 53 années-lumière de nous, plus lumineuse que le Soleil et plus dispendieuse que lui, âgée de quelques millions d'années. Le disque contient des poussières de quelques microns, donc bien plus grosses que celles de l'espace interstellaire, plus semblables à celles des chevelures de comètes ; leur masse totale équivaut à celle de Jupiter.

Ces poussières sont des particules de glace claire et des grains rocheux sombres, agglomérés ou fragmentés, c'est-à-dire provenant plutôt de débris créés par des collisions entre comètes locales. Du gaz y a aussi été détecté, sa masse avoisinant le centième de celle de la Terre, avec une composante variable qui pourrait provenir de l'évaporation brutale de blocs du disque de quelques kilomètres tombant vers l'étoile.

Vers le centre du disque, une zone d'une quinzaine d'UA de rayon est vide de matière ; on pense qu'il est nettoyé par l'action gravitationnelle d'un corps massif qui pourrait être une planète, un peu comme les anneaux de Saturne dont les limites sont imposées par ses satellites gardiens.


## *Une planète pour bêta Pictoris ?*


La présomption d'existence de planètes a été fortement renforcée par la thèse d'Hervé Beust en 1992. Des observations menées pendant huit ans par le groupe d'Alfred Vidal-Madjar, directeur de recherches à l'Institut d'astrophysique de Paris, et des calculs théoriques développés sous la direction de Thierry Montmerle, physicien au Centre d'études de Saclay, lui ont permis d'élaborer un scénario intéressant.

Des noyaux de comètes, perturbés par l'action gravitationnelle d'une planète, seraient précipités vers bêta Pictoris et, alors, vaporisés par son rayonnement. Les bouffées de gaz produiraient les intrigantes variations spectrales observées, en absorbant la lumière du disque stellaire.

Tout compte fait, la meilleure solution fait appel à l'existence d'une planète qui aurait plutôt la masse de Jupiter que celle de la Terre et circulerait en quelques années sur une orbite assez allongée et un peu plus grande que celle de Jupiter.

Un télescope spécial va suivre au cours des ans ces apparitions brutales de bouffées de gaz, permettant ainsi de raffiner les informations sur la planète responsable, et peut-être d'en trouver d'autres.

Un cas similaire, HD 256, a été découvert ; mais, quatre fois plus lointain, il sera plus difficile à étudier.

Dans sa thèse, Beust conclut : « Si la similitude entre HD 256 et bêta Pictoris se confirme, on pourra dire que celle-ci ne constitue pas un cas particulier, ce qui sera de toute première importance quant à l'étude en général des systèmes planétaires. »

Tout semble indiquer qu'on ait là un disque protoplanétaire où des planètes pourraient s'être formées, mais il existe des cas similaires de disques autour d'étoiles âgées où l'on sait que les planètes ne se forment plus...

Notons que, même si bêta Pictoris a des planètes, l'étoile sera devenue une géante rouge, vaporisant ses planètes, avant qu'une vie semblable à la nôtre ait raisonnablement eu le temps de se développer... D'un autre côté, parmi les candidats d'étoiles à disque, une demi-douzaine ont des âges de deux à six milliards d'années ; des civilisations avancées auraient pu y émerger ; au point que je les ai fait figurer sur un programme SETI prioritaire à Nançay...


## Formation des planètes

Le stade de la formation effective de planètes est encore mal connu ; cependant, grâce à l'exploration spatiale des planètes et des satellites de notre système solaire, des schémas se sont fait jour. Les poussières se sont agglutinées, les gaz les moins volatils se sont condensés à leur surface ou se sont solidifiés en particules, selon un rythme qui dépend de la température ambiante du disque protoplanétaire, donc de la distance à l'étoile centrale. Cette agglutination aboutit à la formation de planétésimales, mini-planètes avoisinant le kilomètre, et à la formation de noyaux de comètes.

Après cette étape physico-chimique très rapide (elle dure un millénaire seulement...), le rôle de la gravitation redevient essentiel ; les planétésimales se dévient les uns les autres, entrent en collision, s'accrètent à leur tour s'ils s'abordent de conserve, ou se brisent dans les rencontres de face. Celles-ci sont plus rares cependant, car ils ont tendance à circuler dans le sens de rotation initial de la nébuleuse. Des simulations informatiques indiquent qu'en cent millions d'années, ce qui est très rapide aussi, les planètes finales se sont formées.


## Recherche de planètes extra-solaires

C'est avec acharnement que les astronomes recherchent des planètes autour d'autres étoiles, pour consolider leurs théories de formation et, surtout, pour savoir si une vie du genre terrestre a pu apparaître ailleurs dans le cosmos. Pendant quarante ans, 100 000 photographies ont été prises, non pas pour saisir les planètes elles-mêmes, bien trop petites, mais pour détecter le léger balancement qu'une planète peut impartir à son étoile en tournant autour, chacune tournant en fait autour de leur centre de gravité commun.

Malheureusement, la technologie photographique n'était pas suffisante et il a fallu attendre la mise au point, ces dernières années, de nouvelles méthodes, cent fois plus sensibles. Des Canadiens ont pu mesurer des variations de vitesses d'étoiles, selon la ligne de visée, avec la précision, extraordinaire en astronomie, de la dizaine de mètres par seconde, la vitesse d'une bicyclette.

Si ces variations sont bien dues au balancement évoqué, après quelques années d'observation, quelques candidats sont devenus prometteurs, en particulier epsilon Eridani, la première étoile visée par Drake pour SETI en 1960 ; elle pourrait posséder une planète pouvant atteindre plusieurs fois la masse de Jupiter.

Mais la meilleure découverte a été faite par hasard, un hasard bien mené il faut dire, par un Américain et par un Suisse, indépendamment, ce qui lui confère une valeur certaine : ils ont découvert que l'étoile HD 116762, située à quatre-vingt-dix années-lumière, se balance régulièrement, ce qui trahit la présence d'une planète ayant onze fois la masse de Jupiter et parcourant son orbite en quatre-vingt-quatre jours, comme Mercure.

Bêta Pictoris, epsilon Eridani, HD 116762, trois étoiles se lèvent pour annoncer un futur glorieux pour SETI !

*Chapitre 2*

# Le stade organique

## La vie sur Terre

La vie a commencé par un lent façonnage des molécules organiques dans l'eau liquide. Celles-ci sont des assemblages d'atomes essentiellement construits autour d'échafaudages d'atomes de carbone, lesquels comprennent deux couches d'électrons disposés autour d'un noyau constitué de six protons et de six neutrons, une première couche interne de deux électrons, puis quatre autres sur une couche extérieure. Notons que le noyau de carbone peut contenir deux neutrons supplémentaires, constituant l'isotope $^{14}C$, radioactif, très utilisé pour les datations de fossiles.

### La chimie du carbone

Les électrons externes permettent à l'atome de carbone d'échanger quatre liaisons avec d'autres atomes. Dans l'union la plus simple, typique et symétrique, le méthane, l'atome de carbone se trouve au centre d'un tétraèdre dont les quatre sommets sont occupés par des atomes d'hydrogène. Mais les liaisons se font aussi très facilement avec l'oxygène et l'azote. Elles donnent des molécules organiques gigantesques qui peuvent contenir 100 000 atomes répartis sur des suites de chaînes et de cycles de carbone. Les plus représentatives du vivant terrestre sont les molécules d'ADN, acides désoxyribonucléiques.

Dans toute la collection des quelque cent atomes de la nature, seul le carbone présente cette richesse extraordinaire d'assemblage, fondement de la diversité de la vie organique. Ici aussi un hasard bienvenu a fait que les noyaux de carbone ont été synthétisés en quantité suffisante par la nucléosynthèse à l'intérieur des générations successives d'étoiles. Fred Hoyle a montré que si le noyau de carbone avait eu un état d'excitation énergétique légèrement différent, une étape intermédiaire dans sa synthèse aurait fait défaut et le carbone serait très rare dans le cosmos.


*L'universalité de nos atomes*


Au symposium de Val Cenis, deux astronomes de l'université de Pennsylvanie ont fait le décompte des atomes contenus dans un humain de 70 kg. Parmi ses $10^{28}$ atomes, 38 éléments ont été détectés, dont 27 essentiels, surtout l'oxygène, le carbone, l'hydrogène, l'azote, le phosphore et le potassium ; les plus abondants dans le cosmos sont l'hydrogène, de très loin avec 70 %, puis l'oxygène, le carbone, l'azote et le fer autour du pour-cent ; les humains ont sélectionné de façon impressionnante le phosphore et le potassium, en les concentrant mille fois, tandis que des éléments nécessaires en trace seulement, comme le molybdène, n'ont pas créé de goulot d'étranglement particulier.

Ils estiment que, par l'intermédiaire des supernovae et des vents stellaires, pratiquement toutes les étoiles de notre galaxie âgées de plus de six milliards d'années fournissent à chacun de nous des atomes d'hydrogène ; selon ces auteurs, 10 % de ces atomes d'hydrogène proviennent des galaxies voisines, comme celle d'Andromède. Qui plus est, les photons gamma qui nous arrivent des astres les plus lointains, comme les quasars, créent des protons et des antiprotons en traversant notre atmosphère, dont les premiers sont incorporés dans notre corps. Par ce brassage à l'échelle du cosmos, notre chimie organique a donc une origine universelle.

À l'échelle terrestre s'effectue aussi un brassage, plus modeste : à cause du recyclage de notre hydrosphère, notre corps contient un atome d'hydrogène provenant, en moyenne, de chaque milligramme de toute matière vivante plus ancienne que mille ans. Ainsi, le cheval monté par Vercingétorix à la reddition d'Alésia, a légué à chacun de nous un milliard d'atomes d'hydrogène.

## Les briques du vivant

L'ubiquité des éléments nécessaires à la chimie organique étant établie, et sans préjuger de l'origine des molécules organiques les plus simples que l'on puisse rencontrer sur la Terre primitive, le départ de l'étape organique terrestre se conçoit actuellement à la lumière du concept de « soupe primitive » d'Oparin, conforté par les premières expériences de Stanley Miller.

Celui-ci a simulé en laboratoire, il y a bientôt quarante ans, un environnement de Terre primitive. Dans un ballon contenant de l'eau et une atmosphère de méthane, d'ammoniac et d'hydrogène, sillonnée de décharges électriques, des molécules organiques qualifiées de « briques du vivant », comme des acides aminés, constituants essentiels des protéines, étaient facilement synthétisées. Depuis, des dizaines de laboratoires, opérant avec des conditions d'énergies diverses et avec des mélanges variés tentant de simuler au plus près les conditions primitives mieux précisées par les études récentes, ont confirmé les résultats expérimentaux sans pouvoir, toutefois, leur donner une légitimité historique. Certains se demandent d'ailleurs, comme le rapporte André Brack, « si la soupe primordiale était vraiment bonne ».

## Les plus vieux fossiles

Les premières traces fossiles d'organismes vivants se situent vers 3,5 milliards d'années dans le passé. Il s'agit des stromatolites trouvées à North Pole, au nord-ouest de l'Australie, dans des lagunes côtières fossiles de paysage volcanique marin riche en sulfates. Ce sont des empilements, en forme de coussins, de couches successives de grains minéraux piégés dans des croûtes constituées par des colonies de micro-organismes.

Des fossiles plus anciens, vers 3,8 milliards d'années, auraient été découverts à Isua, à l'ouest du Groenland, dans les plus vieux sédiments connus ; leur identification, fondée sur des analogies morphologiques, est vivement controversée.

D'autres études ont été entreprises sur des fossiles de molécules organiques, vieilles aussi de 3,8 milliards d'années, dont seule subsiste une armature de quelques cycles de carbones et où les rapports isotopiques mesurés semblent résulter de la sélection produite par une activité biologique. La conclusion est que la vie sur Terre est apparue très rapidement, en moins de sept cents millions d'années après sa formation, il y a quatre milliards et demi d'années. Cette facilité d'apparition de la vie, pouvant se présenter ailleurs dans le cosmos, est donc un facteur encourageant pour entreprendre sa recherche.

### Les eucaryotes

Un milliard d'années plus tard, bien que les organismes vivants ne soient encore que des bactéries, êtres monocellulaires, ils s'étaient déjà diversifiés en trois lignées majeures. Il y a 1,4 milliard d'années apparaissent les cellules eucaryotes, probablement par associations symbiotiques de ces lignées. Ce progrès majeur a produit des cellules mille fois plus volumineuses, douées d'une machinerie interne complexe : un noyau pour l'ADN, des mitochondries pour la respiration, des chloroplastes pour la photosynthèse, des appareils de Golgi pour l'excrétion, des ribosomes pour la synthèse des protéines, des flagelles pour la mobilité.

### Les édiacariens

Avec la montée du contenu en oxygène des océans produit par photosynthèse à partir de cette activité biologique primitive, un autre pas important a été franchi par les animaux pluricellulaires, les édiacariens. Essentiellement, ce sont des créatures marines au corps mou. Leur forme plutôt plate leur permet de présenter une plus grande surface d'échange, pour un volume donné, avec l'oxygène dissout dans l'eau. Ils ont régné dans les océans du monde de — 670 à — 550 millions d'années. Quatre phylums sont connus, certains ressemblant à des coupoles, à des arthropodes primitifs ou à des plumes d'un mètre de long.

## L'explosion cambrienne

Finalement, c'est une gigantesque explosion de formes de vie qui leur a succédé : l'explosion cambrienne, qui a coïncidé avec la conquête des continents. On pense que la montée continuelle de l'oxygène produit par la photosynthèse a rendu possible, enfin, la formation d'une couche protectrice d'ozone. Cette explosion de vie est illustrée au mieux par la trentaine de phylums animaux actuels dont les structures sont un défi à la meilleure science-fiction ; pour n'en citer que quelques-uns des plus familiers : les éponges, les anémones de mer, les vers, les insectes, les étoiles de mer, les poulpes, les chordés ; les chordés dont nous faisons partie, avec les poissons, les reptiles, les oiseaux, les mammifères, mammifères où, en dernier ressort, nous figurons, pas plus importants que les souris.

Probablement les mammifères n'auraient pas pris la tête de l'évolution si, et c'est une hypothèse, un astéroïde n'avait heurté la Terre par pur hasard il y a soixante-cinq millions d'années, conduisant à la disparition de la moitié des espèces marines et, plus important pour nous, des dinosaures. Sinon, certains d'entre eux, comme le Stenonikosaurus inequalis, auraient peut-être pu évoluer à notre place vers l'intelligence.

Mais voici les mammifères et en particulier les grands anthropoïdes. Ici aussi l'évolution fut une loterie : des arbres généalogiques reconstitués à partir de séquences d'ADN montrent que les chimpanzés sont plus proches des humains que des orangs-outangs. Il aurait très bien pu arriver que ce soient les chimpanzés qui manipulent des radiotélescopes, avec leur sympathique sourire et leur regard vif, tandis que nous serions dans les zoos, hurlant pour la reconnaissance de notre statut de créatures, relativement intelligentes quand même.

Voilà comment, à très larges traits, la vie a évolué sur Terre, en quelque quatre milliards d'années. Le foisonnement final n'a pris que le dixième de l'âge de la Terre, pour se terminer à la course, en quelques millions d'années, le millième de l'âge du globe, depuis Australopithecus, l'inventeur de la marche debout, jusqu'à Homo Sapiens sapiens, qui a marché sur la Lune.


## Le voyage intersidéral d'une poussière


### *L'impressionnant vide sidéral*


Si l'espace interstellaire contient des nuages moléculaires géants où les densités peuvent atteindre dix mille atomes par centimètre cube, dans sa majorité, il fait figure de vide parfait puisqu'il comporte seulement un atome par $cm^3$. Les physiciens qui en laboratoire tentent de « vider » une enceinte en restent rêveurs. À la pression atmosphérique, 22,4 litres d'hydrogène contiennent $10^{24}$ atomes ; en pompant jusqu'au milliardième d'atmosphère, il reste encore cent milliards d'atomes par $cm^3$... Devant le vide impressionnant des espaces intersidéraux, on ne peut que s'étonner de la moisson extraordinaire que, ces trente dernières années, les radioastronomes y ont glanée : ils ont détecté quatre-vingt-dix sortes différentes de molécules, et qui plus est, organiques pour la plupart. Quelle machine a pu synthétiser dans un tel vide une telle variété de molécules ?


### *Synthèse intersidérale*


En fait, selon une piste prometteuse ouverte par Mayo Greenberg de l'université de Leyde, il faut la rechercher dans des entités interstellaires encore plus rares, des petits grains de silicate, d'un dixième de micron. On en trouve seulement un par cube de 100 m de côté ! De si minuscules machines n'ont pu produire un résultat que parce qu'elles en ont eu le temps, que parce qu'elles ont disposé de centaines de millions d'années pour ce faire. On trouve ici encore une situation typique dans l'univers : de tout petits nombres, presque nuls, multipliés par d'autres très grands, infinis presque, donnent un résultat tangible.

Seulement 2 % du « remplissage » du milieu interstellaire provient des explosions de supernovae ; le reste est alimenté à 98 % par les vents stellaires et est constitué essentiellement de flots de particules arrachées de leur atmosphère par l'activité des étoiles, produisant des enveloppes circumstellaires qui finissent par se disperser dans le vide. Quand les étoiles arrivent vers la fin de leur carrière thermonucléaire, souvent sous forme de géantes rouges, refroidies et dilatées au point d'atteindre des dimensions interplanétaires, elles éjectent les petits grains de silicates déjà évoqués. Avant de quitter définitivement l'enveloppe circumstellaire, à leur surface viennent se congeler des glaces d'eau, de méthane et d'ammoniac.

Puis, le long périple intersidéral commence, le froid devient intense, mais le grain est bombardé par les photons UV des étoiles de la galaxie. Ceux-ci brisent les molécules de glace en radicaux chimiques ; l'eau, en particulier, forme le radical OH, très réactif à température normale, mais qui, trop froid, reste inactif. Cependant, au cours de dizaines de millions d'années de dérive dans l'espace, les radicaux migrent lentement à la surface du grain, OH se rapprochant de $NH_2$, ou de $CH_3$. Puis le grain vogue vers une étoile, il se réchauffe, et tout à coup les radicaux réagissent violemment entre eux : $CH_3$ et $NH_2$ produisant du méthylamine $CH_3NH_2$, OH et de l'alcool méthylique $CH_3OH$, etc.

À nouveau, un long trajet dans l'espace froid est entrepris, suivi d'un réchauffement près d'une étoile, ou par simples collisions dans un nuage moléculaire. En définitive, au bout de centaines de millions d'années, le grain est recouvert d'un manteau de matière organique, dont certaines molécules, comme le formaldéhyde $H_2CO$ ou l'acide cyanhydrique HCN, ont des propriétés intéressantes pour la chimie prébiotique et la synthèse de briques du vivant.

On estime que, par des processus de ce genre, l'espace interstellaire peut produire énormément de molécules organiques complexes et que, dans un nuage moléculaire typique de quelques années-lumière de diamètre, leur masse peut atteindre celle du Soleil.

Le périple du grain s'arrête quand il est piégé dans un nuage protoplanétaire en passe de créer un nouveau système solaire ; il sera vite incorporé dans un noyau de comète et, peut-être, capté par une planète primitive, où il pourrait faciliter le démarrage de la vie. Certains pensent que notre Terre elle-même, en traversant des nuages enrichis en molécules organiques, peut alors récolter jusqu'à un milliard de tonnes de matériau organique, soit plus que la biomasse actuelle.

*Hydrocarbures aromatiques polycycliques*

Il y a quelques années, les molécules organiques les plus grandes de l'espace interstellaire ont été découvertes par Alain Léger, de l'université de Paris-VII, et Jean-Louis Puget, de l'Institut de physique spatiale d'Orsay, à partir des observations en infrarouge du satellite IRAS. Il s'agit d'hydrocarbures aromatiques polycycliques (HAP), constitués de feuillets pavés de cycles de six atomes de carbone et bordés d'atomes d'hydrogène. Deux cycles constituent le naphtalène $C_{10}H_8$, et le plus complexe mesuré en infrarouge en laboratoire est le coronène $C_{24}H_{12}$, avec sept cycles.

Le fait le plus étonnant rapporté à Val Cenis par Léger est que ces molécules graphitiques sont extrêmement abondantes au point que 10 % du carbone interstellaire se trouve dans ces HAP, en faisant l'espèce la plus abondante des molécules organiques libres dans l'espace, devançant de mille fois la suivante, le formaldéhyde $H_2CO$.

Parmi les plus récentes molécules organiques détectées dans l'espace interstellaire, les chaînes carbonées ont une place de choix. Aux hydrocarbones, jusqu'à $C_6H$ et aux cyanopolyynes, jusqu'à $H(C{=}C)_{10}CN$, se sont ajoutées des chaînes terminées par le soufre ($C_3S$), le silicium ($C_4Si$), l'oxygène ($C_3O$) ou l'hydrogène ($H_2C_4$), et même la pure chaîne $C_5$.

Pour le phosphore, si important pour l'ADN, deux molécules, PN et CP, ont maintenant été découvertes. Bien que la majeure partie du phosphore puisse être contenue dans les grains interstellaires, la plus grande réserve gazeuse se trouve probablement sous forme de phosphore atomique.

Ces découvertes nous feront connaître de mieux en mieux cette cosmochimie interstellaire, stade initial de l'étape organique de l'univers.

**Les expéditions vers la comète de Halley**

Le périple sidéral des grains de poussière peut s'achever dans un noyau de comète, où ils déposent leurs composés organiques. Les comètes intéressent donc au plus haut point les bioastronomes. Pendant des siècles, ces astres n'ont été que des objets volants non identifiés. Leurs apparitions subites, leurs comportements fantasques, leurs aspects changeants, leur lumière capricieuse interdisaient de les ranger dans le domaine de la sphère des étoiles, résidence d'astres fixes, à l'éclat parfait, symboles d'un monde d'une essence supérieure à celle de nos bas-fonds terrestres. À la rigueur, on pouvait les ranger dans le monde atmosphérique, comme les nuages, les éclairs. Leur relative proximité s'ajoutait à leur mystère pour rendre leurs passages menaçants.

Le monde stellaire perdit sa supériorité lorsque Tycho Brahe observa le premier cas d'étoile nouvelle, sa fameuse supernova de 1572 : la sphère des étoiles fixes pouvait donc connaître des vicissitudes, tout comme nous ici-bas. Les progrès de la physique aidant, la gravitation universelle de Newton vint unir ces deux mondes : la légendaire pomme et la lointaine Lune obéissaient bien à la même loi. Halley, débrouillant, grâce à ce fil conducteur, les anciennes apparitions, prédit le retour de sa comète pour 1758. Les survols menaçants n'exerçaient plus leur tyrannie, bien que pour son retour de 1910, la Terre devant être balayée par la queue de la comète de Halley, une panique ait pu, suite à une longue tradition folklorique, faire glisser un frisson sur l'humanité.

*Les survols*

Que fallait-il alors à l'humanité pour se libérer complètement de cette hantise ? Par un juste retour des choses : survoler elle-même une comète ! Au passage suivant, en 1986, six sondes spatiales, une véritable armada pour un premier essai, survolaient la comète de Halley, deux soviétiques, une européenne, deux japonaises et, de très loin, une américaine. La sonde européenne Giotto gagnait la course en s'approchant à moins de 600 km du noyau, nous révélant les premières vues du cœur d'une comète, un astre exotique d'une dizaine de kilomètres.

## La sonde européenne Giotto

La sonde Giotto, un respectable cylindre d'un mètre cube, a été nommée ainsi en l'honneur du peintre florentin qui, au-dessus de la crèche, a représenté l'étoile de la Nativité sous la forme d'une comète ; les calculs permettent de l'identifier à celle de Halley lors de son passage de 1301.

Le cylindre, ceinturé de batteries solaires et surmonté d'une antenne de télécommunication avec la Terre, avait pour mission essentielle de voir à quoi pouvait bien ressembler un noyau cométaire. Sa caméra dépassait à peine du pourtour, car on savait qu'en approchant aussi près, elle serait soumise au bombardement des poussières éjectées par le noyau. Il a fallu d'ailleurs établir un compromis entre ingénieurs et astronomes : pas trop près pour les premiers afin d'éviter la catastrophe, plus près pour les seconds afin de voir plus de détails !

L'estimation a dû être bien faite, car ce n'est que juste deux secondes avant le survol, à 600 km de distance, qu'une bouffée de poussières un peu plus grosses que les autres (mais d'un milligramme seulement !) a déstabilisé la sonde, rompant la transmission des images pendant trente-quatre minutes. Cette approche précise a d'ailleurs posé des problèmes de navigation astronautique ardus ; viser à 50 km près un astre de 10 à 20 km, situé à 100 millions de km de la Terre, avec un engin se déplaçant à des dizaines de km par seconde (et non pas par heure !) n'avait jamais été réalisé auparavant. On ne savait même pas assez précisément où se trouvait Giotto ni même la comète.

Pour la sonde, on a eu recours à un réseau mondial de radiotélescopes, spécialement mobilisés pour centraliser dans un ordinateur les signaux reçus d'elle et calculer sa position dans l'espace. Pour la comète, on a demandé aux deux sondes soviétiques, qui passaient à 7 000 km quelques jours avant, de dire où elles voyaient le noyau ; et tout cela, juste à temps pour envoyer aux fusées d'appoint de Giotto les ordres d'ajustement de trajectoire nécessaires. Il faut signaler là un haut fait de la technologie spatiale et de la coopération scientifique internationale.

On peut comparer le survol du noyau par Giotto à celui de Paris par un engin traversant toute la France en 13 secondes à 500 km d'altitude. La grande rapidité du passage, 70 km/s, est due à des questions de navigation : les sondes, par rapport à la Terre, n'avaient pas une vitesse énorme, s'étant juste suffisamment libérées de son emprise gravitationnelle ; elles circulaient donc autour du Soleil pratiquement à la vitesse de la Terre, soit 30 km/s, et dans le même sens qu'elle, tandis que la comète circulait en sens inverse, à une quarantaine de km/s, ce qui rend compte des 70 km/s lors du croisement.

## La sonde américaine

Une autre sonde de l'armada, la sonde américaine ICE, a aussi réalisé des prouesses de navigation. En fait, les États-Unis n'avaient pas programmé d'étude spéciale de la comète, mais probablement stimulés par les entreprises européenne, soviétique et japonaise dans cette grande première, ils ont improvisé un rattrapage de dernière heure assez étonnant. Depuis trois ans, un de leurs satellites scientifiques, rebaptisé par la suite International Cometary Explorer, circulait autour de la Terre sur une orbite à un million de km pour étudier la magnétosphère terrestre, c'est-à-dire le vaste ensemble très ténu de particules ionisées circulant dans le réseau des lignes de force du champ magnétique de notre globe.
Pouvait-on envoyer la sonde vers Halley ? Bien sûr, à bord des satellites, des fusées, activées sur ordre radio, peuvent rectifier les trajectoires, mais elles ont des poussées bien trop faibles pour un tel voyage. Par contre, ce satellite circulait dans le domaine de la Lune ; on pouvait donc, en principe, modifier suffisamment sa course pour le faire passer au voisinage de la Lune ; alors, tombant sous l'emprise de l'attraction lunaire lors de cette approche, le satellite put être fortement dévié. C'est le principe de l'assistance gravitationnelle, devenu aujourd'hui monnaie courante en navigation astronautique ; sans elle, jamais la sonde Voyager 2 n'aurait pu accomplir le fameux Grand Tour qui lui a permis de survoler Jupiter, Saturne, Uranus et Neptune de 1979 à 1989.
Au bon moment, les réacteurs de ICE lui donnent une petite impulsion pour l'approcher de la Lune. Malheureusement, ce coup de pouce est trop petit encore pour que la première déviation gra-

vitationnelle l'envoie vers la comète ; par contre, on peut le calculer en sorte que ICE revienne plus tard passer près de la Lune, ou de la Terre d'ailleurs, une deuxième fois, dans des conditions d'approche plus favorables.

C'est ainsi, qu'après sept passages lunaires, dont un au ras du sol, à 120 km d'altitude seulement, l'assistance gravitationnelle a été assez énergique pour envoyer la sonde vers une comète... mais pas celle de Halley, celle de Giacobini-Zinner, qui était plus facile à atteindre ! Il n'empêche que la sonde américaine a été la première à traverser une queue cométaire et, qu'ensuite, elle s'est approchée quand même suffisamment de Halley pour entrer dans sa zone d'interaction avec le vent solaire.

### L'assistance gravitationnelle

Pour bien réaliser ce qu'est une assistance gravitationnelle efficace, imaginez-vous poursuivi dans une plantation de jeunes arbres ; pour déjouer votre poursuivant, lorsque vous êtes à portée d'un arbre, vous vous y accrochez de la main, ce qui vous lance dans un vigoureux virage, que vous stoppez à volonté en lâchant, pour recommencer plus loin avec un autre arbre.

Le dernier exemple parfait a été donné par la sonde Galileo, destinée à Jupiter. Faute de crédits, on ne disposait pas d'un lanceur assez puissant pour l'y envoyer directement. On l'a donc dirigée vers Vénus, beaucoup plus facile à atteindre. Quatre mois plus tard, Vénus la renvoyait vers la Terre, que, dix mois après, elle frôlait à 960 km de sa surface, à peine deux fois plus haut que beaucoup de nos satellites. L'assistance gravitationnelle puissante qu'elle avait reçue ne suffisait cependant pas encore pour aller jusqu'à Jupiter. Deux ans après, Galileo est repassée près de la Terre, après avoir photographié, pour la première fois, un astéroïde, Gaspra. Enfin, après six ans de ces courses planétaires, Jupiter sera atteint !

### Résultats des sondes

Du 6 au 14 mars 1986, cinq sondes sont passées au plus près du noyau de la comète de Halley : Giotto, l'européenne, à 600 km,

Vega 1 et 2, les soviétiques, à 7 000 km et les deux japonaises, Suisei à 150 000 km et Sakigake à 7 millions de km, sans oublier l'américaine ICE qui, le 28 mars, passait à 30 millions de km.

Ce vaste éventail de distances a permis de disséquer la comète entière, dans toutes ses parties. Le contraste est énorme entre un noyau qui se mesure en km et la queue qui atteint des dizaines de millions de km de long. C'est grâce au vide interplanétaire qu'un si petit objet peut produire un si grand effet. Lorsque s'approchant du Soleil, le noyau se réchauffe, ses glaces ou flocons se vaporisent et émettent des jets de vapeur d'eau qui se détendent, entraînant avec eux les poussières qui y étaient mélangées. Les vapeurs sont repoussées à l'opposé du Soleil par le vent solaire, tandis que les poussières, plus lourdes, bien que poussées par la pression de radiation de la lumière solaire, ont plutôt tendance à traîner en arrière le long de l'orbite de la comète ; d'où l'aspect quelquefois spectaculaire offert par une queue de plasma, droite, bleutée, et une autre de poussières, courbée et jaunâtre.

### La chevelure

Aux dimensions intermédiaires, le noyau est auréolé d'une atmosphère à très basse température, − 200° C, la chevelure, de 100 000 km d'épaisseur, où des décompositions chimiques sont induites par les rayons UV du Soleil. C'est ainsi que les molécules d'eau produisent le radical hydroxyle OH que les radiotélescopes peuvent mesurer par son rayonnement à 18 cm de longueur d'ondes. La première détection a été réalisée avec le radiotélescope de Nançay en 1973, sur la comète Kohoutek. Des dizaines de tonnes d'eau, et autant de poussières, peuvent ainsi être éjectées du noyau par seconde ! Malgré cette pléthore, le noyau ne perd, à chaque passage, que quelques mètres d'épaisseur et pourra subsister pendant des milliers d'orbites. Halley a encore un avenir de cent mille ans devant elle...

En plus de l'eau, le noyau rejette plusieurs pour cent d'oxyde de carbone. Anny-Chantal Levasseur-Regourd, professeur à l'université de Paris et directrice de recherches au service d'aéronomie du CNRS à Verrières-le-Buisson, a découvert que l'oxyde de carbone provenait non seulement du noyau, mais aussi de la chevelure ; les poussières, à structure floconneuse, dégagent des molécules organiques complexes.

Parmi elles, on a détecté du gaz carbonique, de l'acide cyanhydrique, de l'ammoniac, du méthane et même du formaldéhyde et du méthylcyanide. Enfin, en mars 1991, des radioastronomes français de l'Observatoire de Meudon, Jacques Crovisier et Dominique Bockelee Morvan, annonçaient la détection dans la comète Austin du méthanol. C'est dans la présence de ces molécules organiques que réside l'intérêt puissant des comètes pour l'origine de la vie.

### Les poussières

Quant aux poussières, ce sont des grains de quelques microns, constitués de silicates riches en carbone, ressemblant à certaines météorites, les chondrites carbonées. La présence de molécules organiques encore plus complexes y est inférée par le « CHON », sigle traduisant la détection d'atomes individuels d'hydrogène H, carbone C, azote N et oxygène O en proportions correspondant à des molécules comme le polyoxyméthylène — $CH_2$-O-$CH_2$-O —, et peut-être de l'adénine et des pyrimidines.

Une raie dans l'infrarouge trahit la présence de liaisons chimiques C-H, que certains relient aux hydrocarbures aromatiques polycycliques découverts dans l'espace interstellaire.

Ces identifications complexes ne sont encore que provisoires, pour la bonne raison que les sondes ont croisé la comète de Halley à la vitesse formidable de 70 km/s et que toute molécule recueillie par les détecteurs de bord était irrémédiablement brisée en morceaux constitués par ses atomes élémentaires, insensibles, eux, à de tels chocs.

Cet inconvénient, inévitable pour une première mission cométaire, était compensé par le fait que la comète de Halley est la moins inconnue des comètes et devait donc permettre de mieux approfondir leur connaissance.

### Le noyau de Halley

Si la partie la plus spectaculaire d'une comète est bien sa queue, sa partie vitale, son moteur est son tout petit noyau. Giotto en a fourni les surprenantes premières vues. La surface est extrêmement sombre ; elle renvoie dans l'espace seulement 4 % de la lumière reçue du Soleil, pas plus que du charbon ; elle est bien plus noire que celle des tas de neige que l'on voit parfois traîner sur les trottoirs des grandes villes, en bordure des rues, pollués par les gaz et les poussières de tous genres s'accumulant à leur surface au fur et à mesure de leur fonte.

Comparaison justifiée, car c'est ainsi que l'on se représente un noyau de comète ; sous les lentes actions des rayons solaires, les poussières, mélangées d'origine à la masse de neige floconneuse, subissent des transformations chimiques les assombrissant et s'accumulent à la surface tandis que la neige se vaporise peu à peu.

Surprise aussi : la surface est relativement chaude, à 50° C, justement à cause de son revêtement absorbant sombre qui de plus, selon des mesures de polarisation, est poreux. Cette surface joue le rôle d'une couverture foncée échauffée par le Soleil. En même temps, elle empêche une vaporisation trop rapide du noyau dans le vide.

Deuxième fait : le noyau est plus gros qu'on ne le croyait, justement parce que sa taille n'était évaluée qu'à partir de son éclat apparent en supposant que sa surface avait la blancheur d'une neige d'altitude. Il a la forme allongée et double d'une cacahuète de 15 km de long et 10 km de large.

Troisième fait, la topographie est très variée pour un monde aussi petit : des cratères de 500 m de diamètre, des collines de plusieurs centaines de mètres d'altitude, des vallées, des pentes jusqu'à 15° ; bref, une surface très irrégulière, cratérisée et rugueuse.

Mais les faits les plus saillants ont révélé des évents par où sortaient, pris sur le vif, des jets de gaz et de poussières provenant des profondeurs ; ils sont à l'origine de la chevelure et de la queue.

Que peut-on déduire de ces données sur la structure interne du noyau ? Quatre modèles sont en vue : l'ancien modèle de boule de neige « sale » et floconneuse ; le modèle d'un agglomérat irrégulier de boules mollement accolées, plein de vides intersticiels ; un modèle fractal avec des structures de toutes échelles, depuis le km jusqu'au micron ; et un modèle de blocs rocheux poreux cimentés ensemble par un mélange de neige et de poussières. Pour le moment, il est bien difficile de choisir.

## Les comètes et la vie

Si les comètes intéressent tant les bio-astronomes dans leur recherche de l'origine de la vie sur Terre, et même de la vie dans le cosmos, c'est que leur origine semble leur conférer un rôle tout à fait exceptionnel ; les comètes seraient les seuls astres qui, à la fois, contiennent les éléments primordiaux ayant servi à former le système solaire, les ont conservés pendant des milliards d'années au congélateur, et sont presque à portée de la main des scientifiques.

Il y a quatre milliards et demi d'années, la nébuleuse protosolaire s'est condensée. Ce nuage interstellaire naviguait dans une galaxie déjà vieille de dix milliards d'années ; il s'était donc largement enrichi de tous les éléments chimiques synthétisés par des générations d'étoiles disparues et surtout il était saupoudré des fameuses poussières cosmiques enrobées du manteau de molécules organiques servant de base à la vie. Tandis que le Soleil et les planètes se formaient au centre du nuage, plus loin, dans les zones froides, se condensaient des planétésimales glacés à partir de molécules d'eau et des grains enrobés. Ces planétésimales n'ont pas pu grossir au-delà de quelques kilomètres, car la densité des portions périphériques du nuage était trop faible.

### *Le nuage de Oort*

En étudiant les orbites des comètes qui nous visitent, on avait remarqué qu'une bonne partie nous venaient de distances énormes, la moitié de la distance des étoiles les plus proches (100 000 u.a.). D'où un concept fondamental : le nuage imaginé en 1950 par Jan Oort, directeur universellement réputé de l'Observatoire de Leyde, est l'immense « armoire frigorifique » où sont stockées les comètes depuis leur formation. De temps en temps, la perturbation gravitationnelle d'une étoile passant un peu plus près du système solaire en dévie certaines, qui peuvent alors plonger vers son centre et nous visiter.

En faisant le bilan des arrivées et des déviations, on peut estimer le nombre de comètes que renferme le nuage de Oort : on atteint le chiffre fabuleux de mille milliards ! Le nombre de comètes dans le nuage peut sembler impressionnant, mais malgré cela, la masse totale des comètes, quoique encore discutée, a été estimée entre dix et mille fois la masse de la Terre seulement, même pas le sixième de celle de Jupiter. C'est encore un exemple frappant des nombres astronomiques, qui peuvent n'être presque rien ou sembler réellement... astronomiques. Dans cette science, il est impossible de juger sainement à vue ; il faut se référer aux chiffres et contrôler sérieusement leur usage.

Par contre, si certaines comètes plongent vers le centre du système solaire, d'autres sont éjectées dans l'espace interstellaire ; en faisant le bilan des pertes, on trouve que, malgré son énorme population, le lot de comètes s'épuiserait rapidement. Il faut donc le réapprovisionner. C'est cet impératif qui, ces dix dernières années, a conduit à des vues bien plus profondes sur le nuage de Oort et sur le véritable lieu de formation des comètes.

*Lieu de formation des comètes*

Des comètes ne peuvent se condenser aussi loin, d'où l'idée qu'il existe un réservoir central de formation vers Uranus-Neptune à 30 U.A., et que des perturbations gravitationnelles dues aux planètes en train de se former éloignent les sommets des orbites de ces comètes vers 1 000 U.A.. Là, le relais est pris par les perturbations des étoiles voisines (à 100 000 U.A.), qui élèvent les points bas des orbites au-delà de Neptune, détachant ainsi le réservoir de comètes de l'influence des planètes. Cependant, selon Anny-Chantal Levasseur-Regourd, les comètes se seraient condensées directement au-delà de la région d'Uranus et Neptune.

Tous ces détails ont pu être élaborés grâce à des simulations avec de gros ordinateurs ; en outre, on a identifié d'autres causes perturbatrices en plus des étoiles, telles les nuages moléculaires géants qui parsèment le disque galactique, et ce disque lui-même par sa masse globale. C'est ainsi qu'en cinq milliards d'années, le réservoir central est littéralement pompé jusqu'à quelques dizaines de milliers d'U.A. pour réalimenter le nuage de Oort et que de là, se produisent des plongeons jusqu'à notre Terre, à 1 U.A..

En résumé, la plupart des comètes se sont formées comme planétésimales dans la région Uranus-Neptune, ou même au-delà, puis elles ont migré dans le grand nuage de Oort, avant que quelques-unes ne replongent vers nous. Elles sont donc bien les dépositaires des matériaux primitifs de notre système solaire.

### *Matériau primordial*

Si, depuis la formation du système solaire, elles sont restées presque en permanence à la température très basse du nuage de Oort, chiffrée à 10 K, comme dans l'espace interstellaire, elles n'en ont pas moins été soumises aux bombardements des rayons UV du Soleil et des étoiles proches et à celui des rayons cosmiques. De plus, elles ont été irradiées par les supernovae explosant dans le voisinage et bombardées par des poussières interstellaires. On pense que ces effets ont « jardiné » leur surface et l'ont recouverte d'une croûte de produits polymérisés.

Si un jour, on veut récolter du matériau cométaire vraiment primitif, il faudra aller le recueillir sous la surface d'une comète, dans son sous-sol qui, lui, n'aura pas été soumis à ces bombardements variés et, somme toute, peu pénétrants.

### *Catastrophes biologiques cométaires*

Au vu de la dynamique impressionnante à laquelle la population des comètes est soumise, on peut soulever un problème du plus haut intérêt bio-astronomique : quels effets sur la vie terrestre pourrait avoir le moindre petit dérèglement statistique dans cette délicate machinerie ? Si, par exemple, une étoile passe à 3 000 U.A., que va-t-elle faire au nuage ? Elle creusera dans le réservoir un tunnel de 500 U.A. de rayon en y balayant les comètes, produisant une averse d'un milliard de comètes qui traverseront l'orbite de la Terre en quelques millions d'années. Bien sûr, un tel passage proche d'étoile est rare et n'arrive en moyenne que toutes les quelques centaines de millions d'années ; mais, si cela arrive, le taux d'impacts sur notre globe devient trois cents fois plus important...

Des chutes de comètes sur notre globe peuvent avoir des conséquences climatiques catastrophiques pour la vie terrestre, provoquant des extinctions massives de certaines catégories d'êtres vivants. D'ailleurs, cela est peut-être arrivé il y a soixante-cinq millions d'années, lors de la disparition des dinosaures.

À propos d'extinctions dans le monde vivant, l'analyse des espèces fossiles semblait indiquer des extinctions périodiques se reproduisant à des intervalles de vingt-six millions d'années, qui auraient pu être produites par des averses répétitives de comètes. Comme cause de déclenchement, on a invoqué une étoile peu brillante (une naine brune) compagne du Soleil, baptisée Némésis, circulant autour de lui, loin dans le nuage de Oort, avec une période de révolution de vingt-six millions d'années. Ou bien on a supposé l'existence d'une planète supplémentaire, la planète x, circulant à 150 u.a. Ou bien encore on a eu recours au balancement du Soleil de part et d'autre de l'équateur galactique, avec une demi-période de trente-deux millions d'années, lors de sa révolution autour du centre de notre galaxie : à chaque traversée du plan, des rencontres avec des nuages moléculaires géants auraient pu lancer une avalanche cométaire.

En fait, aucune de ces propositions n'a bien résisté et, de plus, l'analyse des fossiles a été critiquée pour manque de chronologie précise. D'ailleurs, on n'observe pas sur la Lune de traces d'impacts qui suivraient une périodicité d'une trentaine de millions d'années. Quant à la catastrophe d'il y a soixante-cinq millions d'années, entre le Crétacé et le Tertiaire, elle serait plutôt due à l'impact d'un astéroïde.


## *L'apport des comètes à la vie*


Par contre, il est plus plausible qu'au début de la formation de la Terre, les chutes directes de comètes aient été beaucoup plus fréquentes que par la suite. Conséquence bénéfique pour la vie cette fois, elles ont pu ensemencer les jeunes océans avec des molécules organiques intéressantes pour le démarrage de la phase prébiotique. Certains vont jusqu'à estimer que l'eau même des océans aurait pu être amenée par les comètes.

L'argument de départ est qu'à la distance du jeune Soleil (au stade T Tauri) où la Terre s'est accrétée, la température était trop forte pour que l'eau, les produits carbonés et même les silicates aient pu s'y condenser ; ils sont trop volatils. Mais, tandis que les planètes se formaient et que leur taille augmentait, leur action gravitationnelle croissante a commencé à dévier les petits agrégats et les comètes d'alors.

Des calculs, appuyés sur le contenu d'eau des comètes, donnée connue, et sur leur taux de bombardement déduit des impacts sur la Lune, montrent que les comètes de la zone Jupiter-Saturne peuvent apporter à la Terre, presque formée, une quantité supplémentaire d'eau représentant plusieurs fois le volume actuel des océans.

Elles ont pu apporter, en plus, assez de silicates pour bâtir la croûte terrestre et, enfin, une épaisseur de matériaux organiques de plus d'un kilomètre d'épaisseur, sans compter une atmosphère secondaire épaisse exerçant une pression au sol trois cents fois plus grande que la pression actuelle.

Ces propositions sont assez impressionnantes et ouvrent une perspective nouvelle pour documenter l'ensemencement prébiotique d'une planète dotée d'océans. Bien sûr, à cette époque, la Terre était encore chaude et soumise à des bouleversements tectoniques majeurs. Une sorte de lutte a dû s'engager entre ce globe toujours hostile et les délicats matériaux volatils amenés d'au-delà Jupiter et Saturne.

## Le projet Rosetta

Alors que les sondes de 1986 n'avaient pas encore pourfendu le corps de la comète de Halley de la tête à la queue, un petit groupe de scientifiques et d'ingénieurs envisageait l'avenir, un avenir très ambitieux, et en même temps très lointain : pouvait-on atterrir sur le noyau d'une comète, y prélever des échantillons du sol et les ramener ici pour les analyser en détail ?

Naviguer vers une comète ne présente plus de problèmes technologiques insurmontables. La rencontre doit se faire lorsque le noyau est assez loin du Soleil, au-delà de Jupiter, pour que son activité soit encore faible. Rebonds gravitationnels, navigation à vue par les caméras de bord avec les petites fusées d'appoint, permettent de s'en approcher, à faible vitesse, jusqu'à quelques kilomètres.


## La prise de terrain

Comme seul le noyau de Halley est connu, celui de la comète visitée sera un monde nouveau ; tout au plus connaîtra-t-on à l'avance sa taille, et donc sa masse. Il faudra alors l'observer sous toutes ses faces pour choisir un terrain d'atterrissage favorable, éviter les cratères, les crevasses, les évents d'éjection de gaz, les pentes trop fortes, les zones hérissées de blocs irréguliers, ou encore les massifs de neige molle ; l'idéal serait de trouver une région plane recouverte d'une croûte de poussières compactes et coagulées par les rayons solaires au cours des passages précédents de la comète vers les parties centrales du système solaire.

La sonde devra donc se mettre en orbite autour du noyau. Orbite bien spéciale pour nous, car la gravité créée par un noyau de comète, floconneux, peu dense, est très petite, le millième de la pesanteur terrestre. Pour une sonde en orbite autour d'un noyau de 2 km à une altitude de 3 000 m, la vitesse orbitale doit être très faible, de quelques mètres par seconde ; à vitesse plus grande, la sonde s'échapperait dans l'espace.


## L'atterrissage

Après avoir relevé la topographie, grâce à ses caméras et à ses radars d'altitude et de sondage, et après avoir envoyé les résultats sur la Terre par radio, les ordres sont donnés pour que l'engin se pose sur le site choisi. Il doit le faire de façon entièrement autonome, car, étant donné les distances, le pilotage ne peut se faire en direct : il faut 2 heures aller-retour pour les transmissions. Il faut éviter les rebonds intempestifs, car, au sol, une sonde d'une tonne ne pèse plus qu'un kilogramme ; le moindre écart d'un amortisseur des pieds d'atterrissage pourrait faire basculer la sonde ou même la faire redécoller et repartir dans l'espace.

La première opération, à accomplir d'urgence, sera de l'ancrer avec une fiche qui s'enfoncera d'un mètre ou deux dans le terrain. En même temps, la nature et l'épaisseur de la croûte, déjà estimée par les radars, seront contrôlées et des échos acoustiques décèleront la présence d'éventuelles cavités qui ruineraient un sondage, ou de blocs rocheux pouvant enrayer la perforatrice.

### Le carottage

Enfin, la perforatrice commence à creuser pour récolter trois carottes successives d'un mètre de long chacune, aussitôt enfournées dans le container de retour. Là aussi l'opération sera très délicate ; elle devra être suivie depuis la Terre, avec les longs aller-retour des transmissions renseignant sur les mesures de compacité et de dureté. De plus, les noyaux de comète tournent sur eux-mêmes de façon très complexe, où rotation et précession se mêlent comme dans le mouvement d'une toupie déjà ralentie. Quand la sonde sera du côté opposé à la Terre, les communications seront interrompues. Tout compte fait, le carottage prendra une ou deux semaines.

### Le retour des échantillons

Le retour automatique d'échantillons astraux a acquis ses brevets technologiques depuis que les Lunokhod soviétiques, déposés sur la Lune dans les années 70, ont renvoyé sur Terre quelques centaines de grammes de roches. Mais pour un noyau de comète une difficulté importante apparaît : les échantillons sont de la « neige sale » à très basse température. Il faut qu'ils arrivent dans nos laboratoires en ayant tout le temps conservé leur température d'origine, à quelques degrés près. Ce qui requiert des systèmes cryogéniques efficaces pouvant résister non seulement à la rentrée dans l'atmosphère terrestre mais en plus au long trajet de retour, qui peut durer une demi-douzaine d'années.

Imaginez la déception, et les coups de colère, si à l'ouverture des précieux containers on entend fuser un petit jet de vapeur s'échappant du fond de tubes vides, après avoir dépensé un milliard de dollars et utilisé dix années d'études, dix années de construction et dix années de voyage pour arracher à un astre fabuleux des secrets sur l'origine de la Terre et l'origine de la vie !

## *Terreurs des ingénieurs, désirs des scientifiques*

Cette hantise de l'erreur est la terreur des ingénieurs responsables, car les autorités politiques et financières ne veulent pas de risques trop importants. Aussi, les ingénieurs doivent-ils travailler avec des incertitudes limitées. Pour cela, le domaine est tellement nouveau et mal connu qu'ils exigent des scientifiques des normes physiques d'environnement dans lesquelles ils doivent concevoir leurs projets. Et les scientifiques, qui ne connaissent encore, et de loin, qu'un seul noyau de comète, ont bien de la peine à satisfaire les ingénieurs. Voilà l'ambiance, très cordiale et sympathique d'ailleurs, qui règne dans les réunions annuelles où une centaine d'entre eux débattent, en général dans des lieux propices à la réflexion, de ces projets de science futuriste qui un jour prendront corps.

Pour venir en aide aux ingénieurs, les scientifiques conçoivent de nouveaux moyens d'observation et de simulation en laboratoire. Par exemple, la sonde Giotto, qui après son passage près de Halley a survécu avec 60 % de ses instruments en bon état, a été dirigée vers une autre comète, la comète Grigg-Skjellerup.

Une impulsion télécommandée à ses moteurs l'a menée, après quatre ans d'hibernation, vers un rebond gravitationnel avec la Terre en juillet 1990, pour finalement passer à 1 000 km de la nouvelle comète le 10 juillet 1992. Un record astronautique : Giotto est la première sonde, et la seule pour longtemps, à avoir rencontré deux noyaux cométaires.

D'un autre côté, plusieurs laboratoires se sont lancés dans la simulation de sols cométaires. Les plus grands réalisent des échantillons de près d'un mètre ; ils sont préparés sous vide à basse température, par des mélanges de glace pulvérisée, de poussières minérales et de substances organiques, en proportions variées ; pendant plusieurs heures, ils sont soumis, dans des cuves à vide, à des rayonnements puissants imitant ceux du Soleil. Des croûtes superficielles s'y forment, sont mesurées, analysées, sondées, perforées, pour préciser les marges à donner aux ingénieurs.

De plus, les résultats de ces expériences sont extrapolés, par simulation sur ordinateur, pour calquer au mieux les conditions réelles de l'espace interplanétaire, où interviennent de longs intervalles de temps et de vastes dimensions.

Souhaitons le succès à la sonde Rosetta, ainsi baptisée car elle devrait permettre de transcrire les informations recueillies au sein de l'espace interstellaire dans la même langue que celle déchiffrée dans les météorites : les noyaux des comètes sont les pierres intermédiaires pour la lecture des énigmes du cosmos.

Malheureusement, les conditions économiques mondiales moins favorables amèneront peut-être des limitations. Actuellement, l'Agence spatiale européenne étudie une version simplifiée dans laquelle il s'agirait d'atterrir sur un astéroïde primitif et d'y effectuer des études locales, sans nécessairement retour d'échantillon.

Selon A. C. Levasseur-Regourd, « les notions d'astéroïde et de comète sont dépassées. Certains astéroïdes sont des noyaux cométaires " défunts ", d'autres des comètes encore " endormies ". Ne devrait-on pas là parler de comètes, en gardant le vocable petite planète pour les gros astéroïdes ? La distinction classique astéroïde/comète me paraît, au vu de mes travaux sur la polarisation, de plus en plus subtile : il s'agit plutôt de transitions continues que deux classes d'objets ».

*Chapitre 3*

# Le stade prébiotique

Abordons maintenant le troisième stade de la bio-astronomie, où, par une chimie prébiotique, les molécules organiques du cosmos peuvent nous conduire aux briques du vivant.


## Titan, le gros satellite de Saturne

Titan, le gros satellite de la planète Saturne, mérite son nom. Avec ses 5 140 km de diamètre, il n'est surpassé que par les 5 280 km de Ganymède ; un peu en dessous des 6 800 km de la planète Mars, il atteint presque la moitié du diamètre de notre globe terrestre. De plus, il est le seul satellite à avoir une atmosphère à pression respectable, puisque au sol elle atteint une fois et demie la nôtre.

Enfin, phénomène exceptionnel, cette atmosphère est constituée presque uniquement d'azote, comme sur terre si l'activité biologique n'y avait accumulé, au cours de milliards d'années de photosynthèse, le quart d'oxygène qui permet notre respiration. Seul Triton, le satellite de la planète Neptune, dernier astre qu'a visité la sonde Voyager en 1989, a aussi une atmosphère composée d'azote, mais tellement ténue que la pression ne s'y chiffre qu'en microbars.

Là ne s'arrêtent pas les indices du caractère « terrien » de Titan ; en 1980, la sonde américaine Voyager 1 a détecté de l'acide cyan-hydrique, dont on sait, par des expériences réalisées en laboratoire, qu'avec cinq de ses molécules on peut synthétiser de la guanine et de l'adénine, deux des bases azotées qui constituent les barreaux de l'échelle en double hélice de l'ADN.


## Un astre prébiotique


Nous voici donc revenus, par le biais de cet astre lointain, à la bio-astronomie. Il attire maintenant les bio-astronomes au point qu'une des prochaines grandes missions spatiales parachutera dans son atmosphère, en l'an 2004, une sonde pour mettre au clair les détails d'une chimie prébiotique où pourraient s'élaborer des briques du vivant extra-terrestre.

Un détail de première importance cependant dans cette comparaison avec la Terre : à la surface de Titan, il ne fait que 180° C sous zéro, température si basse que toute chimie importante ne peut s'y dérouler qu'avec une extrême lenteur. Malgré ses quatre milliards et demi d'années d'existence, Titan n'a pas dû dépasser le stade prébiotique.

Mais qu'à cela ne tienne ; Titan est considéré comme un modèle de la Terre primitive mis au congélateur, ce qui présente un puissant intérêt, car tout le stade prébiotique, si fondamental dans l'apparition de la vie sur notre globe au cours de ses premières centaines de millions d'années, a été à jamais rayé de nos archives par l'intense évolution géologique qui a complètement transformé notre planète.

Titan nous offre donc une chance unique, presque à notre porte, bien qu'il soit situé à un milliard et demi de kilomètres de nous, d'observer sur le vif, à l'échelle planétaire et sur des milliards d'années, plutôt que dans les éprouvettes de nos laboratoires au cours de semaines, un stade fondamental de notre longue histoire.


## La sonde Huygens


C'est sous l'impulsion de l'astronome Daniel Gautier, directeur du Laboratoire d'astronomie infrarouge de l'Observatoire de Paris à Meudon, qu'est né, puis a pris corps, le projet d'envoyer une sonde dans l'atmosphère de Titan. Celle-ci a été baptisée Huygens en l'honneur de l'astronome hollandais appelé par Colbert à l'Observatoire de Paris et qui a découvert la vraie nature des anneaux de Saturne et son satellite Titan en 1655.

La sonde, prise en charge par l'Agence spatiale européenne, sera amenée à pied d'œuvre par l'engin Cassini (du nom du premier directeur de l'Observatoire de Paris) développé par la NASA. L'ensemble Cassini-Huygens, lancé en 1997, après avoir frôlé Vénus, la Terre et Jupiter pour en recevoir des accélérations gravitationnelles, arrivera dans le monde saturnien en 2004, où il libérera la sonde en 2005.

S'approchant de Titan à 6 km/s, après un premier freinage par bouclier thermique dans la haute atmosphère, elle déploiera un petit parachute, puis un plus grand ; alors, bouclier et parachutes seront largués et la sonde tombera depuis 40 km d'altitude, retenue seulement par un troisième parachute plus petit ; pendant deux heures et demie, ses 40 kg d'instruments analyseront la chimie atmosphérique par chromatographie gazeuse, spectrométrie de masse et pyrolyse et détaillera les nuages et la surface par caméra, avant d'atteindre la surface. Cassini lui-même entreprendra alors pendant 4 ans une série de survols de Saturne, de ses anneaux et de ses satellites, dont, plusieurs dizaines de fois, de Titan.

## *L'atmosphère organique*

Voyager n'avait fait que survoler le satellite dont l'épaisse atmosphère avait empêché d'observer la surface ; mais son analyse spectrale avait révélé de nombreuses molécules organiques : quelques pour-cent de méthane, des hydrocarbures comme l'éthane, le propane, l'acétylène, le méthylacétylène, des molécules organoazotées, comme l'acide cyanhydrique, le cyanoacétylène, le dicyanacétylène, enfin du monoxyde et du dioxyde de carbone, tous à des concentrations qui ne dépassent pas le cent-millième.

Le sondage radio de l'atmosphère a relevé l'existence d'une troposphère jusqu'à 40 km d'altitude, avec des nuages de méthane et d'éthane, surmontée d'une stratosphère, atteignant 1 millibar à

200 km, où flotte une couche de composés organiques surmontée d'une autre couche de brumes d'aérosols, organiques eux aussi.

Quels processus ont pu donner des structures et des compositions aussi intéressantes ? Dans la haute atmosphère, les photons UV du Soleil et les électrons piégés dans la magnétosphère de Saturne brisent les molécules d'azote et de méthane en radicaux N, CH et $CH_2$ qui, en se recombinant entre eux, en se brisant et en se recombinant encore, produisent des hydrocarbures et des composés azotés.

Des simulations en laboratoire expliquent les taux observés et prédisent la présence de molécules encore plus complexes, comme l'acétonitrile ou l'acrylonitrile, mais en quantités trop faibles pour avoir été détectées par Voyager. Quant au gaz carbonique, dont l'abondance est de l'ordre du cent-millionième, il pourrait être produit à partir du méthane et d'eau apportée par des météorites.

À partir de cette chimie atmosphérique, des aérosols se forment. Dans la haute stratosphère, l'acétylène et l'acide cyanhydrique donnent des polymères d'un tiers de micron de dimension, qui descendent lentement et, par collision entre eux, se coagulent en noyaux d'un micron ; plus bas, ces noyaux se recouvriraient, par condensation, d'une croûte de butane et d'isobutane et, plus bas jusqu'à la tropopause, d'un manteau en pelure d'oignon de composés de plus en plus légers, propane, acétylène, éthane. Ce sont ces aérosols qui donnent naissance aux deux couches observées dans l'atmosphère de Titan.

En arrivant dans la troposphère, ces aérosols servent de germes pour la formation de nuages de méthane, d'éthane et d'azote. Entre 40 et 20 km, ces nuages sont formés de cristaux d'un millimètre, comme nos cirrus de glace, et, entre 20 et 3 km, de gouttes liquides, comme nos pluies, qui, au fur et à mesure qu'elles tombent, s'évaporent et deviennent de plus en plus petites pour, en arrivant au sol, se réduire à une fine bruine d'éthane presque pur, le produit le moins volatil. Cette météorologie exotique produirait 300 km³ de précipitations par an sur tout le globe de Titan, soit, en définitive, le millième seulement des pluies terrestres.

*La surface*

Sur quel sol tombent ces précipitations ? Bien que Voyager n'en ait rien pu voir, on pense qu'il est recouvert d'un vaste océan. En effet, l'action destructrice des UV solaires sur le méthane dans la haute atmosphère conduirait à sa disparition totale en quelques dizaines de millions d'années, soit le centième seulement de l'âge de Titan. Il faut donc qu'il se trouve quelque part un important réservoir de méthane, ce qui, avec la température et la pression au sol, conduit à un océan de méthane liquide.

D'autre part, les processus chimiques se déroulant dans l'atmosphère conduisent à une production d'éthane telle que, depuis la formation de Titan, une couche de 600 m d'éthane liquide a dû se déposer à la surface. On aurait alors un océan constitué d'un mélange méthane-éthane, où les composés organiques entraînés par les pluies ont abouti. Les hydrocarbures s'y sont dissous, tandis que l'acétylène et les nitriles, peu solubles, se sont déposés au fond en une couche sédimentaire d'une centaine de mètres.

Mais comme on ne connaît rien du relief de Titan, de cet océan pourraient émerger des îles ou des continents, probablement constitués de glace d'eau. Sur eux, les composés organiques déposés au cours de milliards d'années ont peut-être formé une croûte poreuse de débris dont les cavités peuvent aussi renfermer du méthane liquide.

Devant ces mystères, on a tenté, depuis l'époque des sondes Voyager, d'en savoir plus en envoyant des échos radar sur Titan. C'est de cette façon que le radiotélescope d'Arecibo a pu, au cours de la dernière décennie, révéler la topographie et la réflectivité de la planète Vénus. Mais pour Titan, beaucoup plus lointain, l'opération est beaucoup plus difficile. Il a fallu envoyer les impulsions avec le radar d'Arecibo et récolter les échos avec le grand réseau de 27 radiotélescopes du Very Large Array (VLA) du Nouveau Mexique. Muehlman a observé des réflectivités différentes à différentes positions sur la surface, qui pourraient correspondre à des zones océaniques ou continentales.


*Le quatrième robot planétaire*


Les incertitudes sur la surface seront certainement réduites par la mission Cassini-Huygens, mais, devant le défi posé, on a décidé de suspendre sous la sonde parachutée un petit atterrisseur chargé d'envoyer des informations directement depuis la surface. Ce « paquet scientifique de surface », qui pèse 3 kg et dispose d'une puissance de 10 watts, est prévu pour fonctionner un minimum de 3 minutes.

Développé par le groupe de J.C. Zarnecki à l'université de Kent, il contient sept expériences très simples, mais qui pourront apporter des résultats uniques. S'il tombe sur un océan, il y flottera ; en plus de données physiques et chimiques élémentaires comme la température, la densité, la conductivité, l'indice de réfraction, il mesurera la vitesse du son et pourra sonder par sonar la profondeur liquide. Il aura aussi un accéléromètre et un inclinomètre qui, en mesurant les vagues, apporteront des éléments nouveaux sur la dynamique océan-atmosphère.

Ce « paquet » de la dernière chance, accepté de justesse par les ingénieurs, toujours prudents, sera le robot, envoyé par les humains, à atterrir sur un quatrième corps céleste, après la Lune, Vénus et Mars. Ouvrira-t-il la voie pour les méthaniers expédiés par les sociétés pétrolières du XXII$^e$ siècle ?


*La chimie prébiotique*


En tout cas, pour l'instant, l'intérêt des scientifiques vis-à-vis de Titan se porte sur la chimie prébiotique qui pourrait s'y dérouler, le troisième stade fondamental de la vie dans le cosmos. L'étude de la chimie prébiotique a débuté avec la célèbre expérience de Urey et Miller en 1953. Dans un ballon de verre rempli d'un mélange de méthane, d'ammoniac et d'hydrogène, Miller a créé des étincelles électriques, tandis qu'il a fait circuler un courant de vapeur d'eau ; en condensant le courant gazeux dans un réfrigérant, il a obtenu des molécules organiques complexes, en particulier des acides aminés.

Dans des expériences récentes du même type, mais extrêmement poussées, dans le but de simuler l'atmosphère de Titan, Carl Sagan, directeur du Laboratory for Planetary Studies de l'université Cornell, a identifié dans les produits gazeux formés 59 espèces différentes, dont 27 nitriles. En plus, il a obtenu un dépôt goudronneux épais, de couleur brune, qu'il a baptisé « tholin », du grec « boueux » ; son analyse présente le même défi que celle des composés organiques des météorites carbonées. Malgré cela, Sagan a identifié des polyènes, des hydrocarbures aromatiques polycycliques et des acides aminés biologiques et non biologiques.

## *La filière prébiotique*

Suite à de nombreux travaux de laboratoire entrepris depuis, en particulier ceux de François Raulin, professeur à l'université de Paris 12-Val de Marne, la chimie prébiotique à l'échelle planétaire peut se diviser en deux étapes. Dans une première étape, des molécules organiques réactives se forment dans l'atmosphère : des nitriles RCN et des aldéhydes RCHO, où R est un radical. Leur production a lieu au mieux dans une atmosphère contenant du méthane, de l'azote et de la vapeur d'eau, à partir d'énergie amenée par des UV ou des décharges électriques.

Dans une deuxième étape, ces précurseurs atmosphériques évoluent dans l'eau, la fameuse soupe primordiale, pour former les briques du vivant : acides aminés, bases nitrées et sucres. Les acides aminés, de la forme $H_2N$-RCH-COOH, entrent dans la formation des protéines en s'aboutant par élimination d'eau :

...HN-RCH-CO-HN-RCH-CO-...

Ces longues chaînes n'utilisent, dans la vie terrestre, que 20 acides aminés différents, correspondant à 20 radicaux R différents, alors que, dans des météorites, on a découvert 90 acides aminés différents, dont 8 communs avec les nôtres. Cela fait ressortir à la fois la richesse des ressources organiques (d'origine naturelle, non biologique) extra-terrestres et la sélectivité de la vie terrestre.

Les bases azotées, structurées autour d'un cycle hexagonal formé de 4 C et de 2 N, sont dues à la polymérisation des nitriles en solution aqueuse, l'acide cyanhydrique H-CN conduisant aux bases puriques (adénine et guanine) et aux bases pyrimidiques (cytosine, uracile et thymine), tandis que le cyanoacétylène $HC_2$-CN conduit à la cytosine et à l'uracile.

Quant aux sucres d'intérêt biologique, les pentoses, structurés autour d'un pentagone formé de quatre C et un O, ils peuvent être produits à partir des aldéhydes ; en particulier, le formaldéhyde HCHO conduit au ribose et au désoxyribose.

Ces sucres S et ces bases azotées B forment les briques qui, avec un acide phosphorique p ($PO_4H_2$), forment les nucléotides de structure pSB, qui en s'aboutant en chaînes

$$...pS\text{-}pS\text{-}...$$
$$|\quad|$$
$$B\quad B$$

peuvent conduire à la double hélice de l'ADN :

$$...pS\text{-}pS\text{-}...$$
$$|\quad|$$
$$B\quad B$$
$$B\quad B$$
$$|\quad|$$
$$...pS\text{-}pS\text{-}...$$

où les deux chaînes sont reliées par des paires de bases BB, agissant comme barreaux de l'échelle en double hélice. Ce sont les diverses natures des bases B qui servent à coder la génétique de toutes les espèces vivantes terrestres.

Ces filières de chimie prébiotique sont-elles celles qui ont prévalu sur la Terre primitive ? Il faut noter l'existence de nombreuses difficultés. Ainsi, dans le scénario de la soupe primitive, si les océans s'étaient formés rapidement, les composants prébiotiques auraient vite été très dilués, ce qui aurait empêché leurs réactions ultérieures. Il se peut que des lacs ou des mares aient présenté un milieu plus favorable. L'évolution de la vie a peut-être aussi été due aux propriétés catalytiques des argiles, comme l'a proposé Cairns-Smith. Un tel support écarte les risques d'hydrolyse des molécules formées dans un milieu aqueux. Une autre difficulté provient surtout du fait qu'au cours de la synthèse du sucre dans des conditions prébiotiques, il se forme un mélange très complexe où le ribose n'apparaît qu'en très faible proportion.

Est-ce une filière en cours sur Titan ? Son atmosphère dense renferme les ingrédients et les sources d'énergie nécessaires ; le premier stade des précurseurs atmosphériques est vraisemblablement en cours comme en témoignent les 6 hydrocarbures et les 4 nitriles découverts. Quant à l'évolution vers les briques du vivant, elle est contrariée par l'absence d'eau liquide ; l'eau est gelée et forme peut-être des continents sur un océan de méthane et d'éthane. Peut-on remplacer le milieu aqueux par de l'ammoniac dissous dans l'océan ? Peut-on compter sur l'énergie apportée par les rayons cosmiques dans ce milieu ammoniaqué pour conduire à une pseudobiochimie où se formeraient néanmoins des purines, des pyrimidines et éventuellement des pseudo-polypeptides ? Le dernier mot reviendra à la sonde Huygens qui, si tout marche bien, nous enverra un message au début du troisième millénaire...

## Les météorites

La radioastronomie, la conquête spatiale et la biochimie macromoléculaire nous ont introduits dans la vaste question de la vie cosmique. Les molécules interstellaires, les comètes et les atmosphères planétaires, les nuages moléculaires, Halley et Titan, sont devenus des objectifs prioritaires dans notre quête de la vie extraterrestre. Mais on a aussi sous la main, sur la Terre même, des morceaux de ce vaste cosmos tout simplement tombés du ciel qui peuvent être l'objet des soins attentifs et méticuleux prodigués dans nos laboratoires. Météorites, aérolithes, sidérolithes, bolides et météores, projectiles géants, micropoussières stratosphériques nous fournissent un contact direct avec le monde extra-terrestre depuis que nous en avons reconnu la réelle origine.

Si le bombardement intense qui a façonné notre globe a pratiquement cessé depuis quatre milliards d'années, il n'empêche que, de nos jours encore, chacun d'entre nous peut constater qu'il en reste toujours une petite trace : chaque étoile filante est un minuscule témoin retardataire de notre passé mouvementé.

En fait, les étoiles filantes ne forment qu'une classe particulière d'un ensemble plus vaste : les météoroïdes. Ce sont des corps circulant dans l'espace interplanétaire et susceptibles de tomber sur terre. Ils donnent lieu à ce qu'on nomme météores lorsque, pénétrant à des vitesses de 11 à 70 km/s dans les couches élevées de notre atmosphère, ils y laissent une traînée lumineuse entre 110 et 70 km d'altitude.

*Dimensions*

Les météoroïdes mesurent en général bien moins d'un micron, mais ils peuvent atteindre jusqu'à une dizaine de kilomètres. Ceux qui ont une masse de moins d'un dixième de microgramme sont doucement freinés au-dessus de 120 km, sans trace visible, et de là tombent en pluie fine jusqu'au sol. Des micrométéorites plus massives, jusqu'au centigramme, provoquent une ionisation et créent une traînée visible au radar. Du centigramme au kilogramme, la traînée est visible sous forme de météore ; les plus légères peuvent se vaporiser entièrement vers 50 km d'altitude ; les autres se fragmentent entre 10 et 30 km, leurs morceaux tombant en chute libre : ce sont les bolides. Enfin, celles qui dépassent le kilogramme, et jusqu'au record de mille milliards de tonnes, atteignent le sol où elles explosent en créant un cratère d'impact. Les débris de bolides ou d'impacts sont appelés des météorites.

Jusqu'à il y a une dizaine d'années, on ne possédait, de par le monde, que 3 000 météorites, désignées par le nom du lieu de chute. La plus populaire est le corps de 65 000 tonnes qui a créé, il y a quarante mille ans, le Meteor Crater, de 1 200 m de diamètre. En Australie, un cratère, bien visible encore comme un rempart circulaire de montagnes de 22 km, a été creusé il y a 130 millions d'années. Une météorite de plusieurs kilogrammes est tombée dans la salle de séjour de deux Américains bien tranquilles et, aussi récemment que le 31 août 91, une météorite de 11 cm est tombée en sifflant à 3 m 50 de deux garçons de l'Indiana.

### La Vaca Muerta

Tous les jours on en découvre. Ainsi, des astronomes de l'Observatoire européen austral ont trouvé en 1985, sur le plateau désertique, à proximité des télescopes, 77 morceaux de la Vaca Muerta. Tombé il y a trois mille cinq cents ans, le météoroïde avait plus d'un mètre, une masse de plusieurs tonnes. Un morceau métallique d'une tonne a été exploité vers 1860 par les Indiens pour en faire des outils, qu'on a retrouvés dans les musées.

Bien sûr, tous ces renseignements résultent d'études de laboratoire ; on a ainsi appris que Vaca Muerta provenait de la collision d'une petite planète, partiellement fondue, ayant eu une activité volcanique, avec une autre petite planète possédant un noyau métallique. Par la suite les débris communs se sont refroidis en un mélange de minéraux, moitié rocheux, moitié métalliques, qui ont été à nouveau brisés en un essaim de fragments dont certains atteignent la Terre de temps en temps.

Ce type très rare de « mésosidérite » n'a été récolté qu'en une trentaine d'endroits différents. Saluons et admirons au passage l'esprit méticuleux, perspicace et persévérant avec lequel les géologues ont travaillé pour dénicher, de par le globe, quelques cailloux retraçant une si extraordinaire histoire.


## Types de météorites


Les principaux types de météorites sont les aérolithes, pierreuses, formées de silicates, les sidérites, en fer et nickel, et les sidérolithes, de constitution intermédiaire. Les pierreuses sont surtout des chondrites, contenant des chondrules, sphérules de quelques millimètres dont l'origine minéralogique est peu claire, renfermant des grains d'olivine et de pyroxène. Les chondrites se classent selon les degrés d'altération aqueuse et de métamorphisme thermique qu'elles ont pu acquérir avant d'arriver sur terre. Enfin les chondrites carbonées, de première importance pour la bio-astronomie, ont une matrice contenant du carbone, dont la teneur fournit un troisième paramètre caractéristique. Près de 5 % des météorites sont des chondrites carbonées.

La plupart des météorites proviennent d'astéroïdes, dont certains pouvaient avoir 100 à 400 km de diamètre, brisés et érodés par des collisions entre eux. Non seulement elles apportent dans nos laboratoires des morceaux d'astres, mais en plus ces morceaux datent de l'origine du système solaire. Précieux messagers !

Dès le XIXᵉ siècle, les premières études de la matrice des chondrites carbonées ont montré qu'elles contenaient des hydrocarbures plus ou moins semblables au kérogène, roche trouvée dans les gisements d'hydrocarbures les plus lourds. Dans les années 50-70, Urey, prix Nobel de chimie de l'université de Chicago, et patron de Miller, a entrepris des analyses chimiques et isotopiques montrant la présence de composés aromatiques d'origine extra-terrestre sûre.

C'est à John Cronin, de l'université de l'Arizona, que l'on doit les développements majeurs sur la présence d'acides aminés dans sa météorite préférée, Murchison, tombée en Australie le 28 septembre 1969. J'ai eu la chance d'être invité en octobre 91 à l'École internationale de chimie spatiale au Centre de culture scientifique d'Érice, magnifique petite ville fortifiée dominant la côte sicilienne et les îles Égades. C'est dans ce cadre de rêve que Cronin nous a exposé ses analyses sophistiquées de Murchison.

*Acides aminés extra-terrestres*

La partie insoluble de la matrice contient des macromolécules organiques, typiques de polymères du kérogène, dont les structures sont des feuillets constitués d'une trame d'hexagones aromatiques, entremêlés de pentagones nitrés, où se fixent des fonctions COOH, OH et des radicaux divers. En plus, on y trouve du carbone exotique : du graphite, du carbure de silicium SiC et du diamant. Quant à la partie soluble, elle contient des silicates et une bonne proportion de composés organiques. Cronin y a identifié 74 acides aminés différents, 87 hydrocarbures aromatiques, 140 aliphatiques, une dizaine de polaires et surtout les 5 bases nitrées de l'ADN ! Parmi les acides aminés, 8 se retrouvent dans les 20 utilisés par la vie terrestre pour fabriquer ses protéines, telles la glycine, l'alanine, la valine, la leucine. Certains acides aminés extra-terrestres, contrairement aux nôtres, contiennent jusqu'à 8 carbones, ont 2 ou 3 radicaux au lieu de 1, un radical cyclique au lieu d'un radical linéaire, ou deux fonctions acides COOH au lieu d'une.

Selon Cronin, ce qui frappe est la diversité structurale et le fait que, jusqu'à 5 atomes de carbone, tous les composés possibles sont trouvés. L'ensemble est racémique, c'est-à-dire que les isomères gauches ou droits sont en proportions comparables, contrairement à la vie terrestre qui n'utilise qu'une forme. Cronin a également trouvé des précurseurs de ces acides aminés, qui par réactions chimiques peuvent y conduire, comme des carboxamides :

$$R - \overset{\displaystyle \|}{\underset{\displaystyle O}{C}} - NH_2$$

En laboratoire, la synthèse d'acides aminés est possible par la réaction de Strecker, à l'aide d'acide cyanhydrique HCN en présence d'ammoniac $NH_3$ et d'eau $H_2O$ :

R-CO-H → R-CH(NH$_2$)-CN → R-CH(NH$_2$)-CO-NH$_2$ → R-CH(NH$_2$)-COOH.

Ainsi, pour le cas le plus simple, en partant du formaldéhyde $H_2CO$, on obtient la glycine $H_2$-$C(NH_2)$-COOH.

## Une piste vers le vivant

Selon Cronin, « avec un peu d'effort on peut faire des acides aminés à partir des molécules interstellaires, et les précurseurs interstellaires sont ceux dont on a besoin pour fabriquer les composés organiques dans les météorites ». Dès lors, on peut construire le tableau donnant les précurseurs interstellaires, les composés trouvés dans les météorites (briques du vivant) et les biopolymères fondamentaux de la vie :

| précurseurs | briques du vivant | trouvées dans les météorites | biopolymères |
|---|---|---|---|
| $RCHO$, $HCN$, $NH_3$, $H_2O$ | acides aminés | oui | protéines |
| $HCN$, $H_2O$ | purines | oui | acides nucléiques |
| $HCN$, $H_2O$, $CHCCN$ | pyrimidines | oui | acides nucléiques |
| $H_2CO$ | ribose | non | acides nucléiques |
| $PN$, $CP$ ? | phosphate | oui | membranes |
| $HAP$ ?, polyynes ? | acides gras | oui | membranes |

## Les micrométéorites

Mais ce qu'on peut accomplir en laboratoire, résumé dans ce tableau, a-t-il des chances de pouvoir se réaliser à partir des météorites ? De nouvelles perspectives dans cette direction ont récemment été ouvertes par l'étude, non pas des météorites, mais des micrométéorites. Jusqu'en 1984, on ne pouvait en récolter que dans la stratosphère, difficilement, ou dans les sédiments marins par dragage magnétique. Mais depuis, Michel Maurette, directeur de recherches au CNRS au Centre de spectrométrie nucléaire et de masse de l'université de Paris à Orsay, est allé les récolter dans les glaces polaires, d'abord dans les boues de lacs de fonte au Groenland, puis dans l'Antarctique, où elles s'accumulent dans des conditions de sauvegarde maximale.

Ainsi, dans une de ses dernières campagnes près de la station française de Dumont d'Urville, en faisant fondre cent tonnes de glace, il a récolté dix grammes de sédiments (pas plus !) contenant 5 000 micrométéorites, non fondues, dont les diamètres vont de 50 à 200 microns. Elles avaient donc franchi la difficile épreuve de l'entrée dans notre atmosphère sans dégâts. Selon ses propres mots, il avait là « la mine la plus pure de micrométéorites extra-terrestres jamais trouvée sur terre, contenant des grains chondritiques en bon état ».

Patiemment, au microscope, il en a retiré une collection répertoriée de 300 grains. Ils étaient extrêmement poreux, résultant chacun de l'agglomération de petits éléments inférieurs au micron, composés de silicates, d'oxydes et de sulfures métalliques, et surtout, de composés apparentés aux chondrites carbonées, comme la météorite Murchison, certains étant même plus riches en carbone qu'elle. D'où l'intérêt prodigieux de cette minicollection. Il a prouvé que ces objets étaient extra-terrestres, et qu'ils n'étaient pas altérés chimiquement, ni contaminés biologiquement.

C'est d'ailleurs à la composante organique que l'on doit un effet de bouclier thermique de protection lors de l'entrée dans l'atmosphère, agissant comme les composites pyrolysables de l'industrie aérospatiale.


*L'ensemencement prébiotique*


Les micrométéorites de la taille de celles étudiées par Maurette constituent la part la plus importante, en masse, de ce que récolte la Terre : 20 000 tonnes par an, contre au plus 100 tonnes pour les météorites dépassant 5 cm. Il y a donc là une vue nouvelle pour l'ensemencement massif de la Terre en composés organiques extra-terrestres. D'autant plus qu'il y a quatre milliards d'années, vers la fin du bombardement, lorsque notre globe était déjà refroidi, le taux de chutes pouvait être mille fois plus important. Notre atmosphère primitive, peut-être plus dense et plus épaisse qu'aujourd'hui, pouvait aider aux atterrissages.

Imaginons alors le scénario proposé par Maurette : en mille ans, un mètre carré de sol reçoit un million de micrométéorites. Chacune tombe sur un terrain différent, et peut-être dans une petite flaque favorable. Chaque grain est un micro-environnement d'un millionième de centimètre cube, contenant des ingrédients variés à haute concentration et des catalyseurs. Le bref flash thermique qui s'est produit lors de l'entrée dans l'atmosphère a pu créer des espèces chimiques réactives. Ce minicentre a une surface spécifique énorme grâce à ses micro-pores, ses vésicules et ses cavités jusqu'à l'échelle moléculaire. S'il tombe sur une partie de régolithe humide et chaud, il devient un mini-laboratoire potentiellement actif pour développer une chimie prébiotique menant, selon les espoirs résumés par Cronin, à la synthèse extra-terrestre des briques du vivant...

# Chapitre 4

# Le stade biologique primitif

Nous voici à l'orée du quatrième stade des recherches bio-astronomiques, celui où enfin la vie fait son apparition.

## Du cosmos inerte à la matière vivante

Au tout début de ce livre, j'ai présenté le paradigme nouveau qui régit nos vues sur le cosmos : d'un monde physique nous sommes passés à un univers biologique. La biochimie imprègne l'espace tout entier, depuis le vide interstellaire avec ses molécules organiques, jusqu'au cœur des noyaux de comètes ; et aussi le temps, depuis le *Big Bang*, sauf les premières centaines de millions d'années durant lesquelles se sont formées les étoiles, avec des atomes de carbone en leur sein et des planètes autour.

Une nouvelle étape cruciale a été franchie lorsque de l'inerte a surgi le vivant. Le lieu ? La Terre, puisque nous ne connaissons pas encore assez l'univers pour faire mieux. L'époque ? C'était il y a très longtemps, quatre milliards d'années dans le passé. Ce temps gigantesque correspond à cent millions de générations de père en fils. Ranger tous ces pères en bataillon occuperait un carré de terrain de 10 kilomètres de côté. Empilés morts, ils formeraient un cube de 400 m de côté. Cette époque lointaine est délimitée assez précisément par deux faits : d'une part, la fin du bombardement intense qui a parachevé la formation de la Terre, et, d'autre part, l'apparition des premiers fossiles vivants terrestres. Deux données, l'une cosmique et l'autre biologique.


## Les échantillons lunaires


Bien souvent, on dit que l'exploration de la Lune n'a rien apporté à la science, que les quelques centaines de kilos de roches rapportées par les astronautes d'Apollo ne font que dormir, depuis vingt ans, dans des coffres-forts inaccessibles. C'est faux, car grâce à eux on a pu reconstituer l'intensité et la chronologie du bombardement primordial. La Lune a elle aussi été soumise à ce bombardement ; mais ses cratères d'impacts n'ont pas subi les outrages géologiques ou atmosphériques qui ont frappé la Terre. L'étude de ses cratères a permis d'aborder le problème. Ainsi, un cratère qui en chevauche un autre est nécessairement plus récent que lui ; et un grand cratère correspond à la chute d'un corps important. La stratigraphie des cratères lunaires, couplée à des expériences de laboratoire, a permis d'établir une chronologie relative.

Mais il lui manquait des repères temporels, et c'est précisément grâce aux roches rapportées de la Lune que ces repères ont pu être établis. Si les douze hommes d'Apollo ont débarqué sur six sites différents soigneusement sélectionnés, s'ils se sont déplacés, d'abord à pied et ensuite en voiture, c'était dans un but bien défini : il s'agissait de ramasser sur place, à la main et selon des choix judicieux, les échantillons destinés à être analysés, au retour, dans les laboratoires. Leurs isotopes radioactifs ont ainsi permis de calculer leur âge précis, comme on le fait pour les roches terrestres. Bien sûr, il a fallu transposer au cas de la Terre le taux de bombardement subi par la Lune, en tenant compte du fait que notre planète, plus massive, devait attirer plus d'objets que la Lune, la présence des objets dans l'espace interplanétaire étant statistiquement la même aux deux endroits.

## Le bombardement initial

Après un simple calcul de gravitation, on a obtenu la courbe qui donne le nombre d'objets, de tailles comprises entre le mètre et la trentaine de kilomètres, tombés sur la Terre au cours des âges, depuis 4,5 milliards d'années jusqu'à cent millions d'années. Elle se divise en deux régimes : entre 4,5 et 3,8 milliards d'années, une décroissance exponentielle rapide et continue, d'un facteur 100 ; puis une diminution beaucoup plus lente d'un petit facteur 10, depuis pratiquement trois milliards d'années jusqu'à nos jours. Ces deux régimes correspondent à la fin du bombardement initial, qui a terminé la formation des planètes, et à un nettoyage final de l'espace interplanétaire.

Très récemment, cette courbe, couplée à la distribution en taille des météorites, a servi de base à des calculs plus fouillés sur l'amenuisement du bombardement. Ceux-ci présentent un intérêt capital pour la question qui nous occupe : quand la vie a-t-elle disposé d'assez de calme pour prospérer tranquillement ?

On s'aperçoit alors qu'avant 4,25 milliards d'années, il y avait encore des chutes répétées d'objets de 500 km de diamètre, capables, chacun, de vaporiser complètement les océans, sans compter les nuisances majeures apportées à l'atmosphère. Rappelons-nous à ce propos qu'il y a soixante-cinq millions d'années on doit peut-être la fin des dinosaures à la chute d'un objet de 10 km de diamètre seulement. Puis, jusqu'à il y a 3,8 milliards d'années, la Terre reçoit encore des objets de 100 km de diamètre, capables, chacun, de vaporiser la zone photique des océans, c'est-à-dire les 200 premiers mètres sous la surface, là où, justement, la vie avait quelque chance d'apparaître ; on estime qu'entre 3,9 et 3,8 milliards d'années de tels impacts devaient arriver tous les dix ou vingt millions d'années.

Il semble donc qu'à cause de ces époques mouvementées, la vie n'ait pas pu s'établir définitivement avant 3,8 milliards d'années. Elle a pu, éventuellement, apparaître plusieurs fois avant et à chaque fois subir des ravages rédhibitoires. Selon Norman Pace, de l'université de l'Indiana, certaines formes auraient pu diffuser jusque dans les fonds océaniques, auprès des évents sous-marins, où, grâce à leur énergie, elles ont pu subsister sous la protection des eaux,

pour rediffuser à nouveau vers la surface en des temps plus sages...
Bref, il semble que l'événement crucial du passage de l'inerte au
vivant, sans avoir nécessairement un début unique bien net, se soit
produit il y a moins de 3,8 ou 3,9 milliards d'années.


*Les stromatolites*


Et au plus tard ? La limite est fournie par les plus anciens fossiles
identifiés. C'est ici qu'entrent en scène les stromatolites. Ces for-
mations calcaires, issues de l'activité chimique d'êtres unicellulaires
microscopiques existent encore de nos jours ; elles forment, dans
les eaux peu profondes de certains littoraux australiens, des colonies
composées de dômes qui mesurent plusieurs décimètres de diamètre
et ressemblent à des coussins ou à des poufs plus ou moins spon-
gieux. Ils résultent de l'empilement de fines lamelles incurvées,
entre lesquelles se trouvent piégés des grains minéraux. Les micro-
organismes qui les construisent sont des cyanobactéries, comme par
exemple les algues bleues, procaryotes photo-autotrophes, c'est-à-
dire se nourrissant, par photosynthèse, à partir de matériau inerte
environnant. Grâce à l'énergie lumineuse du Soleil, ils transforment
essentiellement l'eau $H_2O$ et le gaz carbonique de l'atmosphère $CO_2$
en molécules d'oxygène $O_2$ et en hydrates de carbone, ou glucides,
comme les sucres $(CHOH)_n$. Ces chaînes sont composées de n répé-
titions de la structure de base $H_2CO$, le formaldéhyde, déjà évoqué
souvent. Pour n = 5, on obtient les sucres pentoses, dont en particulier le ribose et le désoxyribose, fondements des squelettes de
l'ARN et de l'ADN ; signalons en passant que, pour ces riboses, la
chaîne des carbones s'est en partie repliée en un cycle pentagonal
constitué de quatre carbones et d'un oxygène.

Les stromatolites fossiles forment des carpettes impressionnantes
depuis l'archéen ancien ; en fait, les plus anciennes datées de façon
presque certaine sont celles trouvées dans le nord-ouest de l'Australie, à North Pole, un des lieux-dits les plus torrides du monde !
Leur âge est de 3,5 milliards d'années. On a même pu reconstituer
géologiquement leur cadre de vie, une lagune côtière dans un paysage volcanique marin, riche en sulfates provenant peut-être de
l'oxydation de soufre par l'oxygène dégagé par la photosynthèse de
ces ancêtres les plus anciens.

### Première fourchette

Constatons déjà que l'étau se resserre sur le passage de l'inerte au vivant ; il ne nous reste que la fourchette 3,5 à 3,9-3,8 milliards d'années. Mais des résultats encore plus intéressants ont été fournis grâce, surtout, aux travaux de Manfred Schidlowski, de l'Institut Max-Planck de chimie à Mayence. Depuis longtemps, on soupçonnait l'existence de fossiles encore plus vieux, remontant à 3,8 milliards d'années, ce qui resserre l'étau de façon inquiétante pour l'origine de la vie. Malheureusement, ces traces fossiles sont très contestées.

Aussi Schidlowski a-t-il abordé le problème par l'intermédiaire des isotopes du carbone. $^{12}$C, formé de six protons et de six neutrons, est le noyau stable le plus abondant dans la nature ; vient ensuite $^{13}$C avec un neutron de plus, 90 fois moins abondant. On trouve aussi des traces de $^{14}$C, radioactif, créé par l'action des rayons cosmiques ; c'est ce dernier qui sert pour les datations archéologiques.

### Le tri biologique des isotopes

Or le métabolisme de la vie sur terre, en raison d'effets cinétiques, favorise l'utilisation de $^{12}$C, le plus léger. Premièrement, lorsque les micro-organismes autotrophes utilisent le $CO_2$ de l'atmosphère dans leurs sites actifs, le $CO_2$ formé avec du $^{12}$C, étant plus léger, diffuse plus facilement vers ces sites ; et deuxièmement, dans les réactions de carboxylation, c'est-à-dire de formation de molécules R-COOH, opérées par la cellule avec le $CO_2$, $^{12}$C est encore plus favorisé.

En définitive, lorsqu'on mesure la proportion de $^{13}$C par rapport au $^{12}$C dans les systèmes vivants actuels, on trouve un appauvrissement de 2 à 3 % relativement aux minéraux, tels que les carbonates d'origine non biologique contenus dans les sédiments marins. Cette constatation s'étend aux sédiments marins d'origine biologique, du kérogène essentiellement (des polymères lourds complexes de matière morte et leurs dérivés graphitiques) ; eux aussi sont appauvris de 2 à 3 %.

Plus de dix mille mesures de la proportion de $^{13}C$ par rapport au $^{12}C$ ont été réalisées de par le monde dans des sédiments de tous âges. En les analysant, Schidlowski a constaté que, depuis des sédiments contemporains jusqu'à ceux d'il y a 3,5 (et non pas 3,8) milliards d'années, 1) les proportions n'ont pas varié pour les carbones minéraux des carbonates, 2) ni non plus pour les carbones organiques des kérogènes, et, surtout, 3) que la proportion des carbones organiques par rapport aux carbones minéraux n'a pas varié non plus, restant toujours au voisinage de 20 %.

## La plénitude biologique

Les implications biologiques de ces conclusions sont énormes. Le fait que depuis trois milliards et demi d'années, si peu de temps après l'apparition de la vie, il y ait toujours eu 20 % de carbone organique, d'origine vivante, s'explique par le principe de plénitude biologique : la vie prolifère exponentiellement jusqu'à la limite des ressources dont elle dispose. On pense que la limite à son foisonnement est due à l'approvisionnement en phosphore, fondamental lui aussi dans la structure du squelette des ADN et ARN. On a donc assisté, dès — trois milliards et demi d'années, à une saturation biotique globale par un écosystème microbial prolifique. Ce qui est en accord avec les gigantesques dépôts fossiles de stromatolites dans le monde entier.

Actuellement, ces cyanobactéries sont capables de produire dix grammes d'oxygène par mètre carré et par jour, si on les fournit en matière et en énergie et si on les protège. C'est le plus productif des écosystèmes, et il a régné sur toute la Terre pendant tout le Précambrien. Malheureusement pour ces bactéries, le glas a sonné lorsqu'elles ont fabriqué assez d'oxygène pour qu'apparaissent les êtres multicellulaires, fondés sur un métabolisme de combustion de cet oxygène beaucoup plus efficace. Leurs immenses tapis vivants ont alors été ravagés par des gastéropodes et, de nos jours, on ne trouve plus de stromatolites que dans certains sanctuaires, en eau hypersalée, comme la mer Morte par exemple. Sans ces gastéropodes, serions-nous là à nous poser des questions ?

*La vie en moins de cent millions d'années ?*

Schidlowski ne s'est pas arrêté là. Pour tenter de résoudre la question d'éventuelles formes de vie plus reculées, il a poussé ses analyses jusqu'aux sédiments les plus anciens connus, ceux d'Isua, dans le Groenland occidental, vieux de 3,76 milliards d'années. Il a découvert que les sédiments organiques sont moins appauvris que les plus récents de 1 %, tandis que les sédiments minéraux sont appauvris de 0,2 % par rapport aux plus récents. Ces petites variations de sens opposés, sont, d'après lui, dues à un remaniement des roches à une température de plus de 600° C qui aurait permis aux proportions différentes d'isotopes 12 et 13 de se rééquilibrer partiellement. Jusqu'à 3,76 milliards d'années dans le passé, la proportion réelle de $^{13}C$ n'aurait donc pas varié. En conséquence, une vie similaire, et en particulier photo-autotrophique aurait existé dès cette époque. Nous arrivons ainsi à notre deuxième limite : la vie existait déjà il y a 3,8 milliards d'années. C'est donc entre 3,9 à 3,8 et 3,8 milliards d'années que se sont joués l'apparition et le début de l'évolution de la vie sur terre. L'intervalle disponible a une valeur inférieure à cent millions d'années. Il est étonnamment petit.

*De l'inerte au vivant* [1]

« Depuis Pasteur, on sait que la vie a une histoire : c'est un épisode dans l'histoire des molécules organiques, c'est-à-dire des molécules construites avec du carbone, de l'hydrogène, de l'azote, de l'oxygène, du soufre et du phosphore, qui doit beaucoup à la présence d'un solvant miracle, l'eau liquide. À un moment donné

---

1. Les remarques qui suivent sont dues à André Brack, directeur de recherches au CNRS (Laboratoire de biophysique moléculaire d'Orléans) et à François Raulin, professeur de chimie à l'université de Paris-Val de Marne. J'ai repris les propos qu'ils ont tenus en réponse à mes questions dans le cadre d'une émission de France Culture intitulée « Du Cosmos inerte à la Terre vivante » (Perspectives scientifiques, les grandes avenues de la recherche).

de l'histoire de la Terre, il y a environ quatre milliards d'années, certaines molécules organiques se sont mises à produire des copies d'elles-mêmes qui comportaient des erreurs. Elles étaient presque conformes, mais un faible taux d'erreurs a permis l'évolution par mutation. Le chimiste doit donc reconstituer cette machine à copier primitive ; il est placé un peu dans la situation d'un dégustateur de vin à qui on demande de définir le millésime, l'apport du climat, du sol, etc. En ce qui concerne le millésime, nous avons des éléments de réponse, des repères, puisque les stromatolites, des colonies de bactéries, ont été datées avec une quasi-certitude : elles remontent à trois milliards et demi d'années. En ce qui concerne les molécules organiques, nous sommes défavorisés par rapport au dégustateur de vin ; lorsque celui-ci a un problème de mémoire ou de papilles gustatives, il se tourne vers le vigneron et lui demande l'année, notée avec précaution dans ses grands livres. Le chimiste n'a pas cette possibilité, car toutes les traces des molécules organiques ont été effacées, essentiellement par la vie et aussi par un sous-produit de la vie, l'oxygène de l'atmosphère. Il faut donc faire appel, en l'absence de toute trace de ces molécules organiques, à des modèles et aux expériences faites selon eux. Ils résultent de l'imagination plutôt fertile des scientifiques et ils sont nombreux.

« Le scénario le plus classique a été introduit il y a plus de cinquante ans maintenant par le biochimiste soviétique Oparin : il suppose que la merveilleuse cuisine de l'évolution chimique, pour continuer à prendre des termes culinaires, s'est développée dans une soupe primitive constamment alimentée par les ingrédients organiques formés dans l'atmosphère. Des étendues d'eau devaient être présentes de façon abondante à la surface de la Terre primitive et elles ont pu jouer ce rôle. Il fallait aussi que cette soupe ait des ingrédients et le modèle d'Oparin suppose que c'est l'atmosphère primitive, différente de l'atmosphère actuelle, qui a pu permettre la synthèse abiotique, c'est-à-dire la synthèse en l'absence de vie, de composés organiques, à base de carbone. Ainsi, une chimie organique atmosphérique, plus de l'eau liquide pouvaient suffire pour une bonne chimie prébiotique. Divagation de théoricien ? Certainement pas, puisque ce modèle a été testé expérimentalement dans les années 1952-1953, grâce à une expérience désormais célèbre développée par Stanley Miller. Dans ce travail, il a soumis un mélange gazeux de méthane, ammoniac, hydrogène et vapeur d'eau à des décharges électriques, c'est-à-dire à une source d'énergie plausible dans une atmosphère – pensons aux éclairs – et au bout de plusieurs jours d'expérimentation, il a pu former dans son ballon plusieurs composés organiques, en particulier des acides aminés, c'est-à-dire les briques fondamentales des protéines du vivant. Ce type d'expérimentation a été largement développé depuis et on a étudié les mécanismes impliqués. À l'époque, on ne pensait pas que l'on pouvait former aussi facilement des briques du vivant à partir d'un mélange de composés extrêmement simples. Cela a été une surprise mais on a vérifié les résultats et on a tout à fait conforté ce type d'expériences. On a ainsi pu montrer que la plupart des briques du vivant pouvaient être formées dans de telles conditions : les acides aminés, les bases puriques et pyrimidiques, constituants des briques des acides nucléiques ARN et ADN. On s'est même rendu compte qu'il suffisait de certains petits composants extrêmement simples, tels que l'acide cyanhydrique, le formaldéhyde, le fameux formol des pharmaciens, pour synthétiser quasiment tout ce qui est nécessaire aux structures du vivant.

« En partant d'un petit nombre de molécules organiques très simples mais très réactives, comme l'acide cyanhydrique avec juste trois atomes ou le formaldéhyde avec quatre atomes, qui ont la propriété de réagir spontanément dès qu'on les met dans l'eau, on arrive à fabriquer tout ce qu'il faut pour former la vie, à condition d'en avoir assez et de détenir le solvant miracle, l'eau.

« Toutefois, ces briques du vivant ne forment pas encore des murs. Il fallait donc réussir à faire de tout cela une machine à copier capable d'amplifier une information et de la transférer à d'autres systèmes de façon à avoir un système réellement vivant. Cette fois encore, on est parti d'un modèle, puisqu'on ne possède pas de trace fossile de machines rudimentaires à copier. Par analogie avec le système contemporain, on a tout bêtement essayé de faire appel à une cellule. On pensait en effet que la machine à copier rudimentaire ou primitive des premiers systèmes vivants ressemblait à une cellule, qu'elle était dotée d'une membrane permettant d'isoler le système du milieu aqueux pour que les molécules et les informations ne se dispersent pas dans les océans. En plus des molécules constituant la membrane, il fallait retenir les molécules capables d'assurer le travail chimique essentiel à la cellule, travail actuellement réalisé par des enzymes, une sous-famille des protéines, et enfin une troisième catégorie de molécules, les molécules informatives, capables de stocker l'information et de la transférer à des molécules filles, fonctions assurées aujourd'hui par les acides nucléiques ADN et ARN. On s'est rendu compte très vite que les molécules que nous connaissons sont très compliquées et que leur apparition sur la Terre primitive était peu vraisemblable ; par conséquent, il fallait réduire la complexité et faire intervenir des modèles de molécules bien plus simples.

« En ce qui concerne les membranes, les nouveaux modèles ne sont pas très bons : si certains acides gras qui les constituent forment des vésicules, leur synthèse requiert des températures de 450 à 500° C, peu plausibles sur la Terre primitive. En ce qui concerne les molécules catalytiques, les ancêtres en quelque sorte des enzymes, les nouvelles sont plutôt bonnes ; on a réussi à mettre au point des modèles réduits d'enzymes dont on a retrouvé certaines des propriétés en prenant des chaînes beaucoup moins longues. Elles renferment dix maillons seulement, sont fabriquées avec un nombre restreint d'acides aminés. Au lieu d'utiliser les 20 acides aminés que l'on trouve dans les protéines contemporaines, il suffit d'en prendre deux différents. Avec une dizaine d'acides aminés, on arrive à faire le travail de protéines comportant 200 briques ; passer de 200 à 10 est une réduction intéressante. Pour ce qui est du travail des molécules capables de stocker l'information, les nouvelles, cette fois, sont mauvaises : les molécules sont très complexes et les chimistes, après vingt-cinq ou trente ans d'efforts, se sont rendu compte que leur synthèse est impossible dans les conditions simples d'un laboratoire. Il semblerait que cette chimie soit trop complexe pour avoir eu lieu sur la Terre primitive : la vie n'aurait pas commencé par une cellule, les acides nucléiques n'auraient pas participé à la première machine à produire des copies. Le passage des molécules organiques vers le vivant, ce démarrage de la machine à copier s'est fait vraisemblablement sans le secours d'acides nucléiques.

« Les expériences de Miller paraissaient une bonne piste, mais il faut désormais jouer sur la composition de l'atmosphère primitive de la Terre. Si Miller a choisi son mélange méthane, ammoniac et hydrogène, c'est parce qu'on pensait à l'époque que l'atmosphère primitive avait une composition équivalente à celle des planètes géantes, Jupiter et Saturne en particulier. Depuis, on s'est rendu compte que, d'une part, il n'y avait jamais eu beaucoup d'ammoniac dans l'atmosphère primitive de la Terre, parce que l'ammoniac est une molécule assez rapidement détruite par le rayonnement ultraviolet du Soleil ; d'autre part, l'hydrogène est une molécule très légère qui peut s'évader facilement d'une planète aussi petite que la Terre. Deux des composants choisis par Miller sont donc désormais exclus. Reste le méthane. Il faut bien dire qu'on n'a aucune indication directe sur la composition de l'atmosphère primitive de la Terre ; tout juste peut-on construire des modèles et voir si leur évolution conduit à l'atmosphère actuelle. Ce n'est pas le cas de l'ammoniac et de l'hydrogène. De même, la majorité des géochimistes pense que l'atmosphère primitive n'a jamais contenu beaucoup de méthane. De plus, la Terre a deux planètes presque sœurs jumelles, Vénus et Mars, dans les atmosphères desquelles le carbone est majoritaire sous forme de dioxyde de carbone. L'atmosphère terrestre primitive aurait donc été composée de dioxyde de carbone, ou gaz carbonique, de vapeur d'eau et d'azote. Certaines expériences de laboratoire ont déjà mis en évidence la nature des composés organiques obtenus en fonction de la composition gazeuse initiale. Pour obtenir des briques du vivant, le mélange doit comporter du méthane et pas de dioxyde de carbone. Le chimiste du prébiotique est extrêmement ennuyé ; le modèle d'Oparin et de Miller ne convient plus. Dès lors, il faut chercher une autre niche prébiotique où a pu avoir lieu cette cuisine élémentaire pour former les briques des molécules du vivant. Les sources chaudes sous-marines, détectées il y a une dizaine d'années, constitueraient une possibilité : on trouve, dans leur voisinage, des émanations gazeuses à très haute température, des sels minéraux assez réducteurs qui auraient pu avoir favorisé la chimie prébiotique. C'est une piste intéressante à suivre, mais jusqu'à présent ce n'est qu'une hypothèse et on n'a quasiment aucun modèle expérimental qui vienne la conforter. On peut également se tourner vers l'espace. Depuis environ vingt ans, par radioastronomie, on a détecté dans le milieu interstellaire, plus de cinquante molécules organiques, dont la plus grande comporte treize atomes. Pour les biochimistes, c'est peu. Mais quand on pense que l'acide cyanhydrique avec trois atomes a joué un rôle dans l'origine de la vie, c'est encourageant. On trouvera des molécules de plus en plus sophistiquées, de plus en plus complexes.

« Toutefois, les acides aminés sont très difficiles à détecter car ils n'ont pas les propriétés adéquates ; ils sont un peu discrets et pour l'instant, on n'a pas trouvé les briques des protéines dans l'espace interstellaire. Du reste, on ne voit pas bien comment les molécules organiques de l'espace interstellaire auraient pu être amenées sur la Terre de si loin. Mais l'exploration de la comète de Halley nous a appris que les comètes sont truffées de molécules organiques : le noyau est déjà noir, ce qui indique qu'il est certainement recouvert par des hydrocarbures et des composés organiques ; les gaz et poussières ont été analysés par des spectromètres de masse embarqués sur les sondes. Les grains cométaires sont donc beaucoup plus riches en matière organique que ce que l'on pouvait prévoir depuis la Terre. Si l'on en juge par les cratères d'impact sur la Lune, la Terre a été soumise au début de son histoire à un bombardement intense de météorites et de comètes de grosse taille ; plus près de nous encore, il y a les météorites que l'on peut ramasser dans son jardin si on a la chance d'en voir tomber une. La plupart d'entre elles ne renferment pas de matière organique, mais certaines d'entre elles recèlent jusqu'à 5 % de carbone et l'analyse fine de ces météorites révèle la présence d'à peu près toutes les molécules organiques dont on peut rêver ; on en est aujourd'hui à plusieurs centaines. On y trouve 90 acides aminés différents, dont huit figurent dans nos protéines, avec toute une panoplie de composés analogues. Les micrométéorites récoltées en Antarctique fournissent également un matériau nouveau qui va être analysé, surtout du point de vue de la composition en matière organique.

« Le cas de Mars est intéressant parce qu'il s'avère aujourd'hui que cette planète a été recouverte au début de son histoire par de l'eau à l'état liquide. Si elle a connu de l'eau liquide à sa surface et la même pluie de molécules organiques que la Terre, on a donc tout lieu de penser que la vie, sous une forme rudimentaire, s'y est développée. Du reste, la piste suivie par le vivant sur Mars pourrait être très différente de la filière terrestre. C'est une raison de plus pour aller sur Mars. Titan, quant à lui, est le seul satellite du système solaire à posséder une atmosphère. Pas n'importe laquelle puisque la pression atmosphérique à sa surface est 1,5 fois celle qui règne à la surface de notre planète. Cette atmosphère est composée d'azote et de méthane. C'est ainsi que, sur Titan, on a détecté en particulier de l'acide cyanhydrique, base de la chimie prébiotique sur terre, et beaucoup d'autres composés organiques. Même s'il manque l'eau liquide, et si la température est trop basse, on pense y trouver, non la vie, mais une chimie prébiotique déjà très évoluée. Est-ce seulement une utopie ? Certes pas, puisqu'une mission est en préparation actuellement, qui sera lancée en 1997 par la NASA et l'ESA : elle va envoyer une sonde dans l'atmosphère de Titan et un orbiteur autour de Saturne et de Titan. À partir de 2004, nous aurons des informations directes sur cette chimie. Pour nous, Titan est un véritable laboratoire à l'échelle d'une planète, un milieu fondamental pour essayer de comprendre ce qui s'est passé lors de l'apparition de la vie dans les premiers âges de la Terre. »

*Les quatre actes du scénario*

L'apparition de la vie est passée par quatre étapes successives :

Acte 1 : des molécules organiques simples, provenant de synthèses dans l'atmosphère, ou dans l'espace, ou près des évents sous-marins, élaborent, avec l'eau comme solvant, la chimie prébiotique.

Acte 2 : la machine à copier primitive, avec ses erreurs lui permettant d'évoluer par mutations, s'établit, aidée par des argiles, ou les feuillets protéiques ; c'est le monde préARN.

Acte 3 : un acide ribonucléique simple qui est sa propre enzyme, le « ribozyme », prend pied avec ses fonctions d'information et de catalyse, et se pourvoit, par évolution, de nouvelles fonctions, comme celle de créer des membranes, donc des protocellules ; c'est le monde ARN.

Acte 4 : les premiers micro-organismes apparaissent, avec notre premier ancêtre, le « progénote », dont les diversifications, vers 2,3 milliards d'années dans le passé, ont donné naissance aux trois règnes de base : les archaéobactéries, les eubactéries et les eucaryotes ; bien plus tard, deux rameaux des eubactéries, les mitochondries et les chloroplastes, se mettent en symbiose avec des eucaryotes pour conduire, après 0,7 milliard d'années dans le passé, aux plantes, aux animaux, aux champignons, aux protozoaires et aux archaeozoaires... le monde actuel !

Quel acte a vraiment donné naissance à la vie ? Sans doute le second et le troisième. André Brack penche pour le second et invite à chercher la molécule qui s'autoreproduit ! En fait, plusieurs tentatives sont accomplies pour trancher cette question.

*Le nœud de la pièce*

Devant ces problèmes, Gérard Spach, directeur de recherches au CNRS, à l'université de Rouen, a suggéré de remplacer le squelette sucre-phosphate des nucléotides par des chaînes plus simples, où le ribose, cycle pentagonal fermé, est remplacé par du glycérol, à cycle ouvert. Yves et Éliane Merle, de la même université, ont ainsi synthétisé des « glycérotides » dont ils ont pu obtenir des oligomères courts par déshydratation sur argiles ; ils pourraient démarrer la polymérisation des nucléotides, avec une enzyme qui n'aurait pas besoin de matrice de condensation.

Marie-Christine Maurel, maître de conférences à l'université Pierre et Marie Curie de Paris, sans changer le ribose en glycérol, étudie la filière ouverte par une adénosine (adénine + ribose) modifiée, obtenue par synthèse prébiotique, où le ribose, au lieu d'être fixé sur l'azote n° 9 du cycle hexagonal de la base comme dans le cas biologique normal, est fixé sur l'azote n° 6, forme favorisée lors de la condensation de l'adénine avec le ribose. Elle a montré que ce squelette de nucléotide « N6-ribosyladénine » agit comme un catalyseur authentique, quoique lent.

Cette piste semble indiquer que les protéines et les acides nucléiques ne forment pas deux mondes dissociés, spécialisés l'un dans les fonctions catalytiques et l'autre dans celles de l'information. Le prix Nobel de 1989 a été attribué à T. Cech et S. Altman qui ont découvert que l'ARN peut avoir une activité catalytique. La question de savoir si c'est l'ADN ou bien les protéines qui ont émergé les premiers a perdu de son sens : un ARN primitif les aurait précédés. Le problème, si souvent évoqué pour l'apparition du vivant, de savoir qui, de l'œuf ou de la poule, a précédé l'autre, ne se pose plus. Des expériences de biochimie de plus en plus poussées et l'étude d'une éventuelle vie possible sur Mars permettront de mieux comprendre pourquoi.

## Une biologie primitive sur Mars

### *Les tripodes martiens*

« Personne n'aurait cru, dans les dernières années du XIXe siècle, que les choses humaines fussent observées, de la façon la plus pénétrante et la plus attentive, par des intelligences supérieures aux nôtres et cependant mortelles comme elles. À l'opposition de 1894, une grande lueur fut aperçue sur le disque de Mars, d'abord par l'Observatoire de Lick, puis par Perrotin de Nice. Puis vint la nuit où tomba le premier météore. On le vit, dans le petit matin, passer au-dessus de Winchester, ligne de flamme allant vers l'est, très haut dans l'atmosphère. Ogilvy, qui avait vu le phénomène, était persuadé qu'une météorite se trouvait quelque part sur la lande. Il se mit donc en route et la trouva en effet. Un trou énorme avait été creusé par l'impulsion du projectile. La partie découverte avait l'aspect d'un cylindre énorme, recouvert d'une croûte. Tout à coup, il eut un tressaillement en remarquant que des scories grises se détachaient du bord circulaire supérieur. Alors il s'aperçut que très lentement le sommet circulaire tournait sur sa masse. Le cylindre se dévissait ! D'un seul coup, après un soudain bond dans son esprit, il relia la Chose à l'explosion observée à la surface de Mars. »

Première étape, le module martien arrive sur Terre. Deux nuits plus tard : « Les coups de tonnerre, se suivant sans interruption avec d'effrayants craquements, semblaient bien plutôt produits par une gigantesque machine électrique que par un orage ordinaire. Puis tout à coup, mon attention fut arrêtée par quelque chose qui descendait impétueusement à ma rencontre ; je crus voir le toit humide d'une maison, mais un éclair me permit de constater que la Chose était douée d'un vif mouvement de rotation. Quel spectacle ! Comment le décrire ? Un monstrueux tripode, plus haut que plusieurs maisons, enjambait les jeunes sapins et les écrasait dans sa course ; un engin mobile, de métal étincelant, s'avançait à travers les bruyères ; des câbles d'acier, articulés, pendaient aux côtés, l'assourdissant tumulte de sa marche se mêlait au vacarme du tonnerre. Un éclair le dessina vivement, en équilibre sur un de ses appendices, les deux autres en l'air. Figurez-vous un tabouret à trois pieds tournant sur lui-même et d'un pied sur l'autre pour avancer par bonds violents ! Vue de près, la Chose était incomparablement étrange, car ce n'était pas simplement une machine immense passant droit son chemin. C'était une machine cependant, avec une allure mécanique et un fracas métallique, avec de longs tentacules flexibles et luisants − l'un d'entre eux tenait un jeune sapin − se balançant bruyamment autour de ce corps étrange. Elle choisissait ses pas en avançant et l'espèce de chapeau d'airain qui la surmontait se mouvait en tous sens avec l'inévitable suggestion d'une tête regardant autour d'elle. Quand il passa près de moi, le monstre poussa une sorte de hurlement violent : Alouh ! Alouh ! Je commençai à me demander ce que ce pouvait bien être. Était-ce un mécanisme intelligent ? Ou bien un Martien était-il installé à l'intérieur, le gouvernant, le dirigeant à la façon dont un cerveau d'homme gouverne et dirige son corps ? Je cherchai à comparer ces choses à des machines humaines ; je me demandai quelle idée pouvait se faire d'une machine à vapeur ou d'un cuirassé, un animal inférieur intelligent. » Et voilà déployé le tripode martien, tel que le raconte Herbert-George Wells dans un des premiers et des meilleurs romans de science-fiction, *La Guerre des mondes*, publié en 1898, il y a près d'un siècle.


## Les premiers atterrissages

Ironie du sort ou heureux cours des choses pour les Terriens : ce sont eux, et non pas les Martiens, qui ont déployé des tripodes sur leurs voisins planétaires ! Les 20 juillet et 3 septembre 1976, les Viking 1 et 2 se posaient en douceur sur les plaines désertes de Chryse et d'Utopia. Ce haut fait technologique, dû à la NASA, révélait à l'humanité les premiers panoramas martiens et couronnait dix années d'efforts, aussi bien américains que soviétiques. Après des survols exploratoires par des Mariner américains de 1965 à 1969, les Soviétiques déposaient en douceur deux capsules sur le sol en 1971, qui malheureusement ne purent envoyer de signaux ; échecs aussi en 1973 pour les Soviétiques : une capsule se perd dans l'espace et l'autre ne renvoie pas de données. Parmi elles, les Soviétiques viennent seulement de nous l'apprendre, se trouvait un véhicule ! La conquête de Mars a été difficile, puisque les sondes suivantes, les deux Phobos soviétiques de 1989 ont été des demi-échecs, ou des demi-succès. Et il faudra attendre 1994 pour repartir à nouveau... À quand les humains sur Mars ?


## Le premier monde habitable

Mars a toujours exercé un attrait puissant sur l'humanité. Tous les deux ans, il disparaît du ciel, pour redevenir, dans une résurrection spectaculaire, l'astre rouge le plus lumineux du firmament. Cet éclat couleur de sang a inspiré la terreur, la guerre. Ce n'est que depuis les travaux théoriques de Copernic et les observations de Galilée, au début et à la fin du XVIᵉ siècle, que Mars est entré dans le monde des autres mondes. Copernic a montré qu'en fait, cette « étoile » rouge tournait autour du Soleil, tout comme notre Terre, selon une orbite qualifiée désormais de planétaire, et Galilée, en appliquant à l'observation céleste les premières lunettes, a vu que Mars était un globe, tout comme notre demeure. Alors cet astre devint une planète à part entière. Amateur de livres astronomiques anciens, mais très limité par leur prix astronomique lui aussi, j'ai sous la main la traduction française du « Nouveau Traité de la Pluralité des Mondes par feu Mr Hughens, cy-devant de l'Académie Royale des Sciences ». Cette édition de 1702 est préfacée par Monsieur de Fontenelle, de l'Académie Françoise, qui y écrit une approbation élogieuse : « J'ai lu par ordre de Monseigneur le Chancelier, le présent Manuscrit & j'ai cru que le public ne pouvoit manquer de recevoir avec plaisir & utilité, la Traduction du dernier Ouvrage d'un aussi grand homme que feu Monsieur Hughens. » Fontenelle lui-même avait publié en 1686 ses fameux *Entretiens sur la pluralité des mondes* et il est agréable de voir qu'un grand philosophe reconnaisse sans ambages les mérites d'un grand astronome.

*Meudon et la vie extra-terrestre*

Cet attrait pour Mars, et la question de son habitabilité, s'est trouvé renforcé au cours du XIXᵉ siècle par l'entrée en service des grandes lunettes. Celle de Meudon, la quatrième du monde par le diamètre de son puissant objectif (83 cm), en est un exemple parfait. À l'occasion de la séance publique des Cinq Académies du 24 octobre 1896, son directeur, Jules Janssen, a traité de « la vie extra-terrestre et de l'existence, en dehors de la Terre, de mondes plus ou moins semblables au nôtre. [...] C'est par l'étude des planètes que doit commencer toute enquête scientifique sur la vie extra-terrestre. [...] Leurs disques présentent des indices de continents, de nuages, d'atmosphères. [...] Ces similitudes de constitution physique sont des faits palpables et démontrés. [...] La découverte inattendue d'une nouvelle méthode d'investigation vint nous permettre de faire un pas nouveau et décisif dans la question. Nous voulons parler de la découverte de l'analyse spectrale. [...] Un physicien français [en fait, c'est lui-même], dans un voyage à l'Etna, entrepris en vue de s'affranchir des actions troublantes de l'atmosphère terrestre, constata la présence de la vapeur d'eau dans l'atmosphère de Mars. [...] Cette similitude témoigne d'une similitude plus générale encore que la constitution physique tout entière de ces astres ».

Et voila lancée par ce pionnier de la spectroscopie des atmosphères planétaires, l'idée que l'eau, élément fondamental pour la vie, peut exister sur Mars. Dans le premier tome des Annales de l'Observatoire de Meudon, Janssen, rappelant « la possibilité d'aborder l'étude de la composition chimique des atmosphères planétaires et par elle, de faire un pas nouveau et décisif dans la grande question de l'habitabilité des mondes et de la vie extra-terrestre », écrit : « La France ne saurait donc s'arrêter dans une voie où elle s'est si heureusement engagée. [...] Nos Pouvoirs publics l'ont compris et, soucieux de l'honneur de la Science française, ils ont décidé la création d'un observatoire spécialement consacré à l'Astronomie physique. » Ainsi donc naquit, pour les beaux yeux des extra-terrestres, il y a un siècle, sur les coteaux de Meudon, un des plus grands observatoires du monde. Cinq cents personnes y travaillent aujourd'hui !


*Une sœur terrestre ?*


Cette saga martienne avait déjà été encouragée par les observations du XIX<sup>e</sup> siècle, avec des lunettes bien moins gigantesques que celle de Meudon. Mars se présentait comme un globe deux fois plus petit que la Terre, avec une année double de la nôtre, des jours de presque 24 heures, une inclinaison presque identique à celle de notre globe, donc avec aussi quatre saisons comme ici, deux calottes polaires croissant et décroissant au rythme de ces saisons, des continents ressemblant à des déserts ocre, et même des « mers » d'un bleu-vert plus ou moins profond selon les fontes polaires.

Une terre de rêve ! À tel point qu'aujourd'hui, dans la gamme des possibilités des télescopes modestes, Mars est l'enfant chéri des astronomes amateurs. Une bonne paire de jumelles, grossissant huit fois, est suffisante pour se délecter de la vue des cratères lunaires. Deux mauvaises lentilles suffisent ; en plaçant une loupe dans l'axe d'un verre de lunettes d'hypermétrope et en focalisant, on peut les entrevoir, flous et délavés. Pour Mars, il faut une bonne lunette d'une dizaine de centimètres d'ouverture, ou un télescope genre Celestron de 20 cm, bien réglé et bien installé sur une bonne monture, dans un bon site, sans pollution ni turbulence atmosphérique. Il faut surtout s'être déjà exercé l'œil et avoir de la persévérance. Car, dans l'oculaire, le disque de Mars est tout petit encore, malgré un grossissement de deux cents fois ; de plus, il n'est que délicatement teinté, les ocres et les bleu-vert sont peu contrastés et les calottes polaires sont bien petites. Mais la récompense peut venir. Même un astronome de métier peut prendre plaisir à « voir » Mars dans ces conditions, malgré les photos infiniment supérieures envoyées par les sondes spatiales.

Pendant l'opposition de 1986, une bonne lunette de 10 cm d'ouverture m'a permis de voir fondre la calotte polaire australe et le pôle nord se recouvrir d'une chape de brumes, de suivre une tempête de sable qui prenait naissance dans les profondeurs (7 000 m !) du grand bassin d'impact Hellas et, pendant huit jours, d'observer sa course vers l'ouest et son développement, jusqu'à deux fois la surface de la France...

### Traces d'eau

La quête de l'eau sur Mars a motivé de nombreux astronomes. Audouin Dollfus, astronome bien connu de l'Observatoire de Meudon, a continué la tradition en ayant l'audace de se lancer dans la stratosphère, sous une grappe de cent ballons météorologiques, dans une sphère étanche construite par lui ; son but, comme celui de Janssen, était de se libérer de la vapeur d'eau de notre atmosphère pour tenter de détecter celle de Mars. Je lui rends hommage, car, lorsque je travaillais chez Louis Leprince-Ringuet, j'utilisais ces ballons par petites grappes d'une demi-douzaine pour envoyer quelques kilos d'instruments destinés à l'observation du rayonnement cosmique et bien souvent j'ai pu me rendre compte, aux dépens des instruments, mais pas du mien heureusement, de leur fragilité !

Les sondes spatiales ont définitivement montré que la proportion de vapeur d'eau dans l'atmosphère martienne est seulement de 0,03 %. Si on la condensait, elle formerait au sol une couche d'un dixième de millimètre ; un océan bien peu profond ! Il n'empêche que l'eau sur Mars a suscité un folklore souvent merveilleux. On doit en particulier des paysages magnifiques à l'astronome amateur, peintre et écrivain scientifique, Lucien Rudaux. Ce pionnier mondial de la peinture astronomique a, bien avant la conquête spatiale, représenté des scènes astronautiques qui ont suscité de nombreuses vocations et promu ce domaine d'avenir. Tel ce survol de Phobos vu d'un vaisseau spatial s'approchant de la planète Mars, que l'on peut voir dans son chef-d'œuvre de 1937, « Sur les Autres Mondes », justement bien nommé.

## *Les mesures biologiques des Viking*

L'hypothèse de la vie sur Mars a été jusqu'à justifier les tripodes Viking. Chaque sonde emportait un triple laboratoire de biochimie chargé de dépister des processus métaboliques de biologie primitive ; une petite pelleteuse déposait dans leur intérieur des échantillons prélevés en surface, des particules fines déposées par les vents. Ce furent là les premiers travaux de terrassement réalisés sur une autre planète par notre civilisation ! On a nourri et incubé ces échantillons dans des enceintes avec des produits variés, marqués radioactivement ou non ; les sous-produits étaient ensuite analysés par pyrolyse, par échanges gazeux et par dégazage de marqueurs. Ces instruments, d'une complexité jamais atteinte, devaient en outre tenir dans un volume de moins de trente litres. Malgré les innombrables scénarios simulés à l'avance, et ceux qui ont été reconstitués dans des conditions martiennes plus fidèles, l'interprétation a été extrêmement difficile. Le régolithe de surface contient des composés oxydants mais aucun composé organique. Il n'y a donc pas de vie organique dans ces deux déserts martiens. Toutefois, l'absence de composés organiques pose un problème car le continuel bombardement météoritique, même restreint, devrait en déposer. Des processus destructeurs en surface auraient alors effacé toute trace de vie. On ne peut donc affirmer que la vie n'a jamais existé sur Mars. Faut-il chercher ailleurs que dans ces plaines désertiques choisies par les prudents ingénieurs de la NASA ? Faut-il explorer des régions plus diversifiées, comme les régions polaires, ou les couches plus profondes du sous-sol ?

## Un paysage désolé

Le paysage entourant les landers Viking est froid, désolé, sec ; l'atmosphère est ténue, venteuse, délétère, asphyxiante. Les stations météo des Viking, en deux années martiennes complètes d'observations journalières (quatre ans terrestres), y ont relevé des températures variant de − 30 à − 90° C, selon la saison et l'heure, et des pressions de 7 à 10 millibars, tout à fait l'environnement d'un avion en plein vol. Par temps calme, la vitesse du vent se situe entre 10 et 25 km/h, mais les tempêtes la portent à 70 et même 400 km/h pour les tempêtes de sable, soulevant alors des rideaux épais qui cachent le Soleil pour des semaines ; il faut parfois des mois pour que l'atmosphère s'éclaircisse.

Elle est en fait composée de gaz carbonique à 95 %, avec 3 % d'azote et seulement 0,1 % d'oxygène, parfaitement impropre à toute vie animale. Le sol est rocailleux, incrusté dans un sable légèrement en croûte, où, au gré des vents, passent comme du grésil des grains de poussière ou sautillent des petits cailloux. Tout cela ne peut qu'être faiblement évoqué par des déserts comme ceux des hauts plateaux du Chili, aux alentours de l'Observatoire européen austral, ou par les massifs glacés du désert de Ross dans l'Antarctique.

## L'eau sur Mars !

Malgré leur désillusion, les astronomes ne se sont pas découragés. Une magistrale surprise est venue de la révélation d'autres paysages martiens par les engins qui ont accompagné les landers jusqu'à l'orbite autour de Mars. Ces orbiteurs ont pris 51 000 photos du sol, dont certaines atteignent une résolution de 10 m. Imaginez Mars surveillé par des yeux perçants : la moindre église, le moindre navire y seraient visibles. Rendons ici encore hommage à la technologie américaine d'alors : cela se passait il y a quinze ans et était commandé et retransmis d'une distance de 300 millions de km. Ces photographies, distribuées aux principaux instituts du monde sous forme de bandes magnétiques, ont permis d'étudier tout le globe martien. Son aspect général est celui d'un monde minéral, froid et désertique. Mais on trouve des volcans, dont Olympus Mons, qui, avec sa base de 700 km et son altitude de 27 000 m, représente le record de taille pour tout le système solaire. Un canyon gigantesque, Valles Marineris, est une immense déchirure de l'écorce de 9 000 km de long, large de 100 km et profonde de 6 000 m. Il y a des bassins d'impact énormes, comme Argyre avec 600 km de diamètre et 1 000 m de profondeur.

Mais surtout, la surprise est venue de lits de rivières asséchées, larges parfois de 15 km et dont le débit aurait atteint mille fois celui de l'Amazone, notre plus gros fleuve ! Si l'eau liquide a existé sur Mars en de telles proportions, n'y aurait-il pas eu une atmosphère plus dense impliquant un climat plus clément, favorable éventuellement à l'apparition spontanée de la vie ?

### *Kasei Vallis*

Le plus beau fleuve asséché est Kasei Vallis. Dans son lit se trouvent des îles, modelées par le flot en forme de larmes effilées ; dans un virage à 90°, le liquide a débordé sur la plaine avoisinante, où il a laissé des ravinements caractéristiques. L'écoulement naît tout à coup, large et entièrement formé, à la sortie d'un chaos, vaste ensemble de 40 km de côté créé par des effondrements du sol, blocs immenses laissant entre eux des morceaux de plateau intacts. On pense qu'un vaste réservoir souterrain d'eau, liquide ou gelée, s'est soudainement déversé, libéré par l'activité volcanique voisine. On connaît des cas semblables sur Terre, dans l'est de l'État de Washington, dans le Montana, où l'effondrement d'un barrage glaciaire retenant le lac Missoula a libéré un flot de 120 m de haut avec un débit de cent fois l'Amazone pendant plusieurs jours, laissant des chenaux de 200 m de profondeur, dus à une érosion massive.

À partir de ce chaos, les flots descendent le long d'une vaste dépression peu marquée de 300 km sur 1 500 km. Puis, les défilés de Kasei Vallis vont se perdre dans la plaine autour de Chryse, 9 000 m plus bas, où d'ailleurs ils sont rejoints par d'autres affluents. Par comptage de cratères d'impact, on a pu situer l'âge de tels systèmes entre trois et trois milliards et demi d'années, avec peut-être des inondations épisodiques beaucoup plus récentes.


## *Les chenaux*


D'autres types d'écoulement sont bien plus classiques : le flot est restreint à des lits distincts, bien définis, sinueux, peu larges, profonds, avec embranchements et jonctions ; ils correspondent à des écoulements d'eau obtenue par sape d'un réservoir souterrain, liquide ou gelé. La topographie a dû progresser vers l'amont, l'eau coulant en surface à faible débit. On trouve ces chenaux sur des terrains anciens et ce sont eux qui pourraient indiquer, bien mieux que les écoulements catastrophiques, l'existence d'un climat tempéré sur Mars avant trois milliards d'années dans le passé. Mais tous les astronomes ne sont pas d'accord sur ce point.

C'est dans cette nouvelle ambiance de *water connection* qu'il faut jeter un coup d'œil sur les 51 000 photographies des orbiteurs. Imaginons que nous abordions Mars à bord d'un de ces orbiteurs : survolant le paysage bouleversé, nous voyons se profiler à l'horizon l'atmosphère ténue où flottent quelques strates de nuages d'altitude. Puis, nous survolons un cyclone, magnifique spire de brume, d'une régularité de manuel météo ; dans des bas-fonds de canyons ou de dépressions, flottent des brumes matinales légères. Plus loin, une monstrueuse masse de poussières emportées par la tempête progresse à grands tourbillons, en jetant son ombre nette sur le sol ; on croirait voir le front terrifiant de semblables galops sur les plaines désertiques du Burkina Faso. Nous ne pouvons qu'être frappés par la vitalité de l'atmosphère martienne ; pour un peu, nous nous laisserions aller à ouvrir les hublots pour en respirer un grand bol à pleins poumons !


## *Le sous-sol gelé*


Et la *water connection* nous ensorcelle à nouveau : grâce aux travaux de François Costard, du Laboratoire de géographie physique de Meudon-Bellevue, nous découvrons les cratères d'impact lobés. Imaginez que vous lanciez un pavé dans une mare boueuse presque asséchée : il forme un cratère auréolé d'éjectas qui vont se figer tout autour, sans s'épancher très loin. Sur Mars, F. Costard en a repéré 2 000, dont les lobes sont des éjectas provenant d'un sous-sol gelé, permafrost ou pergélisol, fondus par la chaleur dégagée par l'impact, et aussitôt regelés à la surface. Plus le cratère a un grand diamètre, plus l'impact a été puissant et plus le projectile a pénétré en profondeur. En mesurant le volume de permafrost rejeté en fonction de la profondeur atteinte, on peut calculer l'importance de la couche de sous-sol gelé. Le niveau supérieur du permafrost martien se trouve vers 300 m de profondeur à l'équateur et vers 100 m aux latitudes moyennes ; à certains endroits, comme sur Chryse Planitia, où la formation de permafrost a pu être favorisée par les écoulements catastrophiques, il ne serait même qu'à 60 m de profondeur. C'est là que les humains devraient aller puiser leur eau. Quant à son épaisseur, on peut l'estimer en fonction du gradient géothermique, qui, sur Mars, peut correspondre à une élévation de température de quelques degrés par 100 m de profondeur. Cela donne un sous-sol gelé de plusieurs kilomètres d'épaisseur, le double de celui du nord-est de la Sibérie, une énorme réserve d'eau.

Ce permafrost est constitué d'un mélange de roches fissurées ou de régolithe et de glace interstitielle : il est typique des climats périglaciaires secs. Dans l'épaisseur du permafrost peuvent exister des poches ou des films d'eau liquide, qui deviennent plus fréquents à partir de 4 km de profondeur. En conclusion, si une vie a existé sur Mars, c'est dans son sous-sol gelé qu'il faudra la rechercher.

*Les calottes polaires*

Sans forcément creuser très profondément, on aura plus de chances dans les régions polaires. Car les calottes polaires sont des agents importants de la *water connection*. Les orbiteurs nous en ont donné des vues d'une finesse extraordinaire. Les deux calottes sont très différentes car Mars, dont l'orbite est assez elliptique, est plus proche du Soleil lors de l'été austral.

La calotte sud est soumise à un été chaud et à un hiver long, ce qui lui donne un maximum d'extension plus grand et un minimum plus petit que ceux de la calotte boréale. À la fin de l'hiver, elle descend jusqu'à 50° de latitude, et, à la fin de l'été, il ne lui reste qu'une étendue de 350 km. Sa structure estivale est tourbillonnaire, à cause de la forme du terrain spiralé, avec des résidus attardés dans les fonds de cratères ou sur les pentes sud. En 1969, elle aurait même complètement disparu. La calotte résiduelle nord a 1 000 km de diamètre et est régulièrement spiralée tout au long des flancs de vallées, profondes de quelques centaines de mètres.

Pendant leurs hivers, ces calottes sont formées de glace carbonique ($CO_2$ gelé) et peuvent atteindre 50 cm d'épaisseur. L'été, la calotte résiduelle nord est très probablement composée de glace d'eau. Mais il est difficile d'évaluer ce réservoir.

*Le climat instable*

Le retrait de la calotte sud est rapide, ce qui, ajouté à l'influence de profonds cratères d'impact dans la région, favorise le déclenchement des grandes tempêtes de sable. Cela pourrait expliquer, en partie, la différence entre les deux calottes, car le gaz carbonique de l'atmosphère gèle sur les poussières des tempêtes, ce qui provoque son transport du sud au nord. La calotte nord est salie, ce qui favorise la fusion complète de sa glace carbonique au cours de son été.

Ces interactions nord/sud complexes entre gaz carbonique, poussières, vents et ellipticité de l'orbite, s'inversent au fur et à mesure du balancement en toupie de l'axe de rotation de la planète, tous les vingt-cinq mille ans. On doit trouver là l'origine des terrains stratifiés des régions polaires : sur les pentes dégelées des vallées du nord, on distingue des fines strates de dépôts annuels de poussières de quelques dizaines de mètres d'épaisseur chacune, dont l'empilement total pourrait dépasser quelques kilomètres. Ces dépôts racontent les variations climatiques de Mars au cours des derniers millions d'années. On a pu les simuler sur ordinateur, comme on l'a fait pour les âges glaciaires de la Terre, à partir des variations de l'ellipticité de l'orbite et de l'inclinaison de l'axe de Mars.

Les résultats sont stupéfiants et on peut se féliciter que de tels changements climatiques ne nous soient pas encore arrivés. Tous les 1,2 million d'années, la pression varie de 1 à 40 mb, avec, en plus, de fortes oscillations tous les 100 000 ans ; le gaz carbonique peut geler complètement aux pôles, réduisant alors l'atmosphère à néant. À cela doivent s'ajouter des effets de serre, des déclenchements de tempêtes de sable et d'absorption des gaz dans le régolithe que l'on n'a pas encore éclaircis. Si en ce moment le pôle nord accumule les débris et augmente ses terrains stratifiés, cela changera d'ici quelques centaines de siècles, avec des conséquences difficiles à prévoir.

De plus, il est possible que la croûte du globe dérive sur le manteau par rapport à l'axe de rotation. Des dépôts stratifiés beaucoup plus anciens existeraient ailleurs vers l'équateur. Ce sont eux qui, sur des flancs érodés, pourront peut-être un jour nous révéler les fossiles de vie primitive sur Mars lorsque nous y enverrons nos robots mobiles.

Selon Chris McKay, du Ames Research Center de la NASA, d'autres lieux seraient favorables : en particulier des dépôts sédimentaires produits par d'anciens lacs, antérieurs à 3,8 milliards d'années, qui présentent d'épaisses séquences de carbonates, principalement dans la région volcanique Tharsis et dans la zone des systèmes de canyons Valles Marineris.

Nous pouvons donc désormais partir à la recherche de la vie sur Mars. Il s'agirait évidemment d'une vie primitive, dont un merveilleux exemple nous est donné sur Terre par les stromatolites, ces concrétions laissées par des êtres monocellulaires qui défient les milliards d'années, pendant des durées dix fois plus étendues que celles qu'ont connues les dinosaures, les champions de la pluricellularité, et mille fois plus étendues encore que celles qu'ont traversées les hommes, champions, eux, du traitement de l'information et, par là même, de ce qu'on appelle l'intelligence.

## *Les équivalents terrestres*

Pour nous guider, bien des scientifiques de disciplines variées viennent à notre secours grâce à leurs travaux sur des équivalents potentiels terrestres. Ainsi, des spécialistes des permafrosts tels D. A. Glichinsky, de l'Institut de science du sol et de la photosynthèse de l'ex-URSS et E. Bock, de l'Institut de botanique générale de Hambourg, ont trouvé dans le sous-sol gelé de Sibérie, par 35 m de profondeur, des bactéries nitrifiantes en activité alors que cette couche est vieille de plusieurs millions d'années ; ces écosystèmes microbiaux ont un métabolisme ralenti, dans de l'eau mobile située dans des bulles, des pores et des films fins du permafrost arctique. Dans ces conditions difficiles, les bactéries, encapsulées, vivent en cryobiosis depuis trois millions d'années et reprennent un rythme normal dès qu'elles retrouvent des conditions favorables. Ces chercheurs espèrent, en étudiant le permafrost antarctique, beaucoup plus vieux, étendre ces résultats jusqu'à trente millions d'années, puis, par des modèles extrapolés, estimer les chances de préservation à long terme sur Mars.

L. I. Hochstein, du Ames Research Center de la NASA, a trouvé des bactéries hyperhalophiles dans des dépôts salés anciens, restes d'environnements salins évaporés du Trias et du Permien. Il pense que la croissance de telles bactéries serait possible sur Mars en présence d'eau. Pour lui, ces organismes sont des modèles possibles pour la vie martienne et devraient jouer un rôle important dans son exploration et sa simulation.

A. H. Segerer, de la chaire de microbiologie de Regenbourg, s'intéresse aux micro-organismes hyperthermophiles vivant dans des habitats volcaniques ; pour ces êtres, la température optimale dépasse 80° C et ils vivent jusqu'à 110° C. Ce sont des chémolithoautotrophes (s'auto-nourrissant par chimie de la pierre) dont le métabolisme est basé sur l'oxydation de l'hydrogène et de composés de soufre réduits ; ils sont donc indépendants de toute énergie solaire et pourraient vivre en présence d'eau et de volcanisme, même en dehors de l'écosphère solaire. On trouve ces organismes parmi les lignées bactériennes et archaéale et dans leur tronc ancestral commun ; l'hyperthermophilie est donc une très ancienne caractéristique, pouvant jouer en faveur d'une origine de la vie sur Terre dans des milieux comparables aux évents sous-marins.

Un autre environnement terrestre intéressant est fourni par les lacs gelés situés dans les vallées des déserts secs et froids de l'Antarctique. Bien que la température moyenne de ces déserts soit de − 20° C, les lacs profonds conservent de l'eau liquide sous leur surface gelée en permanence. Selon C. P. McKay et L. R. Doyle, du SETI Institute, en Californie, ces lacs peuvent fournir des modèles d'habitats martiens où la vie primitive pourrait perdurer.

## Quelle vie rechercher sur Mars ?

Selon ces défenseurs de la vie sur Mars, il faut en rechercher toutes les formes possibles : des microfossiles, du matériau cellulaire, des composés organiques altérés, des microstructures du genre stromatolites, des biominéralisations. Après tout, les deux tiers de la surface de Mars sont constitués de terrains anciens, accessibles, bien que fortement cratérisés, et les photos des orbiteurs Viking ont permis d'identifier des sites de sédiments lacustres possibles.

Ces idées fortes pour la recherche de vie sur Mars sont très récentes. Je me souviens qu'au colloque international organisé à Paris fin 1989 par le CNES sur les premiers résultats des sondes soviétiques Phobos, V. I. Moroz, de l'Institut de recherches spatiales de Moscou, a présenté ses projets pour les prochaines étapes, en particulier celle de pénétrateurs devant être fichés dans le sol martien. Bien que pesant chacun 50 kg, rien n'y était alors prévu pour la détection d'activité biologique. Depuis, l'intérêt pour la bio-astronomie a progressé dans les projets soviétiques.

## Simulations martiennes

Le Deutsche Forschungsanstalt für Luft-und Raumfahrt de Cologne (DLR) possède une chambre de simulation spatiale qui, depuis 1987, étudie la surface des noyaux de comètes dans des conditions réelles. Cette grande chambre, un cylindre de 2,50 m de diamètre et 5 m de long, placée sous vide et refroidie par de l'azote liquide à $-190°$ C, soumet des échantillons de sol de 80 cm de diamètre à un rayonnement de 65 kW, équivalant à deux fois celui du Soleil. Cette chambre permet, grandeur nature, de préciser la future mission cométaire Rosetta, et même d'estimer le comportement de son harpon ou de sa perforeuse. Aujourd'hui, le DLR doit passer à la simulation du sol martien avec les minéraux, les températures et les atmosphères de gaz carbonique adéquats.

A. Banin, de l'université d'Israël à Rehovot, a fourni un modèle du sol. Les sondes Viking, en particulier, ont montré que le régolithe de Mars a évolué par oxydation aqueuse de roches basaltiques primitives exposées à l'atmosphère, réduites en poussière et homogénéisées par les tempêtes globales. Tenant compte des contraintes observationnelles de couleur, réflectance, composition chimique (où la silice fournit la majeure contribution), microscopie, magnétisation, ce fin granulat est bien représenté par un mélange d'argile, comme la montmorillonite, et d'oxydes de fer amorphes tel $Fe_2O_3$. C'est probablement cette préparation qui ira dans la chambre du DLR. Ainsi sera étudié le degré de pénétration des UV solaires létaux, ou le comportement de la glace d'eau : condensation, diffusion, recristallisation, réactions au bombardement par les rayons cosmiques.


*Simulations exobiologiques*


Dans le domaine exobiologique, les simulations seront menées pour préciser plusieurs axes : la recherche de traces de vie, passée ou présente, la protection de la planète vis-à-vis des explorations, la création d'écosystèmes artificiels et l'étude des environnements terrestres analogues.

Ces projets promus par Gerda Horneck, directrice de l'Institut de médecine du vol du DLR, qui a déjà un long passé dans le domaine, avec en particulier l'exposition de spores bactériens à l'espace à bord du LDEF (Long Duration Exposure Facility). Ce satellite, prévu pour être ramené au sol par la Navette au bout d'une exposition d'un an, a dû rester six ans dans l'espace, après l'accident de Challenger. Il a donc fallu maintenir en état le lot de spores servant de contrôle dans le laboratoire du DLR pendant six ans et lui assurer des conditions de température et d'insolation convenables. On a alors constaté que 90 % des spores des *Bacillus subtilis* avaient survécu dans les conditions extrêmes de l'espace, lorsqu'ils étaient protégés par une couche de glucose ou simplement par leurs propres congénères. Le climat martien sera simulé dans ses divers états caractéristiques, afin de préciser les facteurs limites pour la vie, utilisant des conditions variées de composition atmosphérique, pression, température, insolation, porosité et densité du régolithe. On compte aussi beaucoup sur la mission spatiale européenne Eurêka, au cours de laquelle d'autres expositions à l'espace seront réalisées.


## L'exploration biologique de Mars


L'exploration biologique de Mars repose sur l'idée que la vie sur cette planète serait apparue il y a quatre milliards d'années. Ensuite, elle aurait disparu il y a 3,8 milliards d'années (c'est pourquoi on cherche des fossiles) ou bien elle se serait adaptée à l'ambiance actuelle (on recherche donc des niches écologiques). Une particulière attention sera accordée à l'étude des conditions à la bordure de la calotte polaire nord où, l'été, il y a sublimation de l'eau résiduelle. On analysera en laboratoire le comportement des matériaux organiques en surface, dans le but de comprendre les résultats négatifs des Viking. La croissance de micro-organismes sélectionnés, inoculés dans des niches spéciales comme des cristaux salins, éclairera les processus de chémolithoautotrophie. Ces simulations guideront les véhicules vers les zones les plus prometteuses et aideront à interpréter leurs observations.


## Les rovers martiens


Ce sont les rovers qui devront nous devancer sur Mars. Les landers Viking ont accompli un travail de reconnaissance, mais, fixes, ils ne pouvaient l'étudier que quelques mètres à la ronde. Pour observer ailleurs, on prévoit des petites stations fixes, des pénétrateurs, connectés en réseaux. Mais il faut plus encore : il faut se déplacer à la recherche de l'échantillon spécial, de la pierre de Rosette locale, bien cachée au détour d'un gros bloc ou défiant l'engin par-delà une crevasse.

Si les astronautes d'Apollo ont pu se déplacer sur la Lune au volant d'une voiture décapotable tout-terrain, avec téléphone à bord, pour aller chercher la roche exceptionnelle et la rapporter dans nos laboratoires, ce sont les Soviétiques qui, avec les premiers rovers extra-terrestres, les Lunokhod, ont accompli le travail par télécommande. Ces engins de 700 kg, avec leurs huit roues et leurs caméras stéréoscopiques, ont parcouru 10 km sur la Lune, téléguidés à partir d'un centre situé en URSS.


*Marsokhod*


Rien d'étonnant à ce que leur successeur soit de même origine : après les échecs de ses frères de 1971, Marsokhod doit partir pour Mars en 1994. Cet engin extraordinaire roule et marche tout à la fois : ses six roues indépendantes peuvent tourner et se soulever. Chacune a une forme cylindro-conique assurant un contact maximum avec le sol, qu'il soit meuble ou anguleux. Le châssis, articulé, se contorsionne pour épouser la forme du terrain, et peut s'allonger ou se raccourcir comme le ferait une chenille de papillon. Par exemple, il peut ancrer ses quatre roues arrière et, avec ses deux roues avant, terrasser le sol pour progresser au-delà d'un obstacle ; ensuite, il ramène vers l'avant les trains arrière.

Marsokhod ne pèse que 100 kg, chaque roue ne consomme que 4 watts et il parcourt 500 mètres à l'heure. J'ai vu un film pris lors de ses essais dans les rocailles du Kamtchatka. C'est impressionnant ! Charançon de métal, il se plaque au sol, épousant les buttes et les creux en y collant, comme un insecte aux pattes boursouflées. Au vu de ce véhicule, les Martiens auraient du mal à imaginer nos Rolls, nos tilburys, nos 747 ou nos TGV.

L'engin transporte une perforatrice dont le poids total est de 4 kg ; à raison de 5 coups par minute, elle creuse chaque fois 6 cm$^3$ de sol sur 12 mm de profondeur. En sol meuble, elle pourra forer jusqu'à 2 m. Ses échantillons seront déposés dans des analyseurs, dont un chromatographe en phase gazeuse qui, avec son pyrolyseur, pèse moins de 2 kg et pourra analyser les composants organiques et volatils. Marsokhod aura donc enfin un nez pour humer une éventuelle activité biologique !

Si sur sa route il butte contre un mur ou arrive au bord d'une faille, alors l'obstacle est reconnu par des senseurs situés sur le train avant ; il recule, tourne un peu et repart ; s'il passe, il reprend son cap antérieur, sinon il recommence. Cette façon d'agir est coûteuse en temps et en énergie. Mais il ne faut pas oublier que, contrairement à Lunokhod, tout proche sur la Lune, on ne peut pas commander ces manœuvres élémentaires depuis la Terre ; en cas de danger, il faudrait 20 minutes pour qu'il nous prévienne et autant pour lui donner des directives, car les ondes radio ne vont qu'à la vitesse de la lumière. C'est pourquoi le Centre national d'études spatiales (CNES) a proposé aux Soviétiques de doter l'engin d'une vision stéréoscopique et d'un cerveau, comprenant deux caméras et un ordinateur qui lui permettront de dresser une carte en relief du terrain devant lui et de choisir le meilleur chemin pour remplir sa mission, selon les vœux des Terriens et selon sa perception locale immédiate.

### *Le rover du CNES*

Ce début d'intelligence artificielle sur le rover martien ouvrira la voie à de futurs progrès. Francis Rocard, directeur du projet martien au CNES, petit-fils du physicien Yves Rocard à qui, en particulier, les radio-astronomes français doivent le grand radio-télescope de Nançay, étudie avec son équipe et des scientifiques français, un projet de rover plus complexe. D'une masse de 800 kg, il pourra voyager sur 1 000 km, lors d'un séjour dépassant deux ans. Il sera chargé d'installer une grande station au sol, du type de celles déployées sur la Lune par les astronautes d'Apollo, avec sismographe, magnétomètre, météo, panneaux solaires et laboratoire central, puis deux autres plus petites. Le rover partira alors à la ronde pour tracer des profils géophysiques en sous-sol, par sondages radar, gravimétrique et magnétique. Son laboratoire portatif lui permettra de procéder, grâce à deux bras dotés de vision, de senseurs et d'outils variés, à des analyses de chimie, minéralogie et datation.

Son intelligence artificielle lui permettra d'évoluer au mieux, de sélectionner, d'acquérir et d'analyser les échantillons. On prévoit, comme test, la simulation d'une randonnée de plusieurs centaines de kilomètres au travers des anciens épanchements d'eau conduisant à Kasei Vallis, avec crochets vers des sites d'intérêt géophysique et géomorphologique. Cinq instruments, dédiés spécialement à l'exobiologie, dont le fameux chromatographe, nous apporteront peut-être la révélation du prochain siècle.

On comprend que, pour Francis Rocard lui-même, les robots

mobiles sur Mars représentent l'un des plus beaux défis technologiques qui soient, puisqu'ils mêlent des questions qui relèvent de l'intelligence artificielle et de la mécanique.


## Météorites martiennes


Pour terminer cette saga martienne qui emmène si loin dans l'espace et dans le futur, savez-vous que l'on a peut-être trouvé aussi sur terre des morceaux de Mars ? Avez-vous déjà entendu parler des SNC ? Ce sont des météorites venus de Mars : à ce jour, on en connaît neuf. Ces dix dernières années, on a repéré dans la collection de plusieurs milliers de météorites dont nous disposons, un petit groupe où l'analyse des isotopes de l'oxygène et de rapports d'éléments traceurs prouve qu'ils viennent d'un même astre. De plus, l'âge de cristallisation de ces météorites est étonnamment faible : entre 160 millions et 1,3 milliard d'années, alors que toutes les météorites se sont cristallisées il y a 4,5 milliards d'années, époque de leur formation. La formation récente des SNC implique que leur corps parent n'est pas un astéroïde, car aucun n'a pu subir un processus de fusion important si récemment. Ils ne peuvent venir de la Lune puisque ses roches les plus récentes ont plus de trois milliards d'années. Le corps parent est donc de la taille d'une planète, qui plus est de type tellurique, les grosses planètes étant gazeuses.

À l'intérieur des SNC, on a découvert des inclusions où les rapports des isotopes de l'argon et du xénon sont caractéristiques de ceux qui ont été mesurés dans l'atmosphère de Mars. Les SNC viennent donc de là ! De plus, leur composition chimique est semblable à celle du sol au voisinage des landers Viking. Enfin, dernier fait, on y a découvert des indices d'effets d'ondes de choc, probablement produits par des impacts, dont certains datent de moins de trente millions d'années.

Et l'enquête continue : comment ces petits morceaux de Mars sont-ils arrivés sur la Terre ? La meilleure explication est que, sous l'impact relativement récent de grosses météorites sur Mars, des morceaux de sa surface ont été éjectés dans l'espace, où ils ont circulé comme de toutes petites planètes autour du Soleil. Certains d'entre eux ont fini par tomber sur Terre.

Pour aller encore plus loin, on a recherché, parmi les photographies des orbiteurs, des cratères d'impact allongés, car pour être projetés dans l'espace, ces morceaux ont dû être arrachés du sol par un choc sous incidence faible. Le plus extraordinaire est que P. J. Mouginis-Mark, de l'université de Hawaii, en a repéré huit, tous dans la région volcanique de Tharsis. Le site le plus intéressant se trouve au pied du flanc nord de Ceraunius Tholus, un volcan de 120 km à la base et de 6 000 m d'altitude. Cet impact a laissé un cratère oblong de 18 km sur 34, qui d'ailleurs est lobé, indiquant la présence de permafrost en sous-sol. Cette intéressante particularité semble être renforcée par une étude de la quantité de composés volatils contenus dans les SNC. En 1990, J. L. Gooding, du Johnson Space Center de la NASA, a déduit de ses mesures que des processus géochimiques en phase aqueuse ont dû se produire sur le corps parent, et ont oxydé les minéraux pour former des carbonates et des sulfates. La *water connection* est ici encore renforcée.

Cette incroyable affaire d'espionnage s'arrête-t-elle ici ? Utilisant les mesures des rapports d'isotopes de $^{13}$C et de $^{18}$O faites sur les SCN, comme Shidlowsky l'a fait pour les stromatolites, M. V. Ivanov, de l'Institut de microbiologie de Moscou, fait un rapprochement avec ses propres études de la méthanogenèse, où la méthanobactérie formicum transforme, dans son métabolisme, le méthane en gaz carbonique. Il en déduit que cette méthanogenèse microbienne peut rendre compte des compositions isotopiques des SNC. Cette sensationnelle nouvelle, qui demande à être corroborée par d'autres laboratoires, serait d'une importance capitale pour l'existence de la vie sur Mars, à tel point qu'à l'atelier sur la simulation martienne qui s'est tenu à Bad Honnef en 1992, L. M. Mukhin, de l'Institut de recherche spatiale de Moscou, a proposé d'intituler la communication d'Ivanov « Première évidence de vie sur Mars » !

# DEUXIÈME PARTIE

# Les extra-terrestres

*Chapitre 5*

# L'intelligence

Avec la planète Mars et l'espoir d'y trouver des traces de vie primitive, nous quittons le quatrième volet de la recherche de la vie dans l'univers, celui de la vie biologique primitive. Nous voici prêts à aborder le dernier, celui de la recherche de la vie « avancée » et de l'intelligence. Nous venons de voir comment la vie proprement dite est apparue à la suite d'un enchaînement de stades complexes non encore élucidés. En dernier ressort, ce sont eux qui définissent la vie sur Terre. De même pour l'intelligence. Partons également du cas le plus avancé et le seul connu aujourd'hui : l'intelligence humaine. C'est à partir de lui, qu'en définitive, les scientifiques ont élaboré SETI. Quitte à aborder des cas moins évolués, comme l'intelligence des dauphins ou même des perroquets, ou des cas parallèles, comme l'intelligence artificielle dont on essaie de pourvoir les robots martiens.

Toutefois, il faut reconnaître que la paléontologie humaine met en évidence les étapes techniques de notre développement plutôt que celles de notre intelligence. Mais, pour SETI, la situation est comparable : on espère détecter des signes d'intelligence par le truchement de développements technologiques. SETI n'est encore que la recherche de technologies extra-terrestres. Nos ancêtres nous apportent donc des enseignements de première importance pour cerner notre sujet.

*L'émergence de la lignée humaine* [1]

Une révolution pour la construction de notre arbre généalogique a été apportée par l'analyse de séquences d'acides aminés dans les ADN des hominoïdes actuels : chimpanzés, gorilles, hommes, orangs-outangs et gibbons. Grâce à elle, on pense qu'il y a dix millions d'années, la ligne gibbon s'est séparée, puis celle des orangs-outangs, et ce n'est qu'il y a cinq millions d'années que la ligne chimpanzé a divergé de la nôtre. La grande surprise a été d'apprendre cette très étroite parenté, temporelle et aussi génétique, car nous ne différons des chimpanzés que par 1 % de notre matériel génétique. Comme eux, nous sommes des singes africains ! Quant aux gorilles, ils sont aussi très proches de nous, leur séparation ayant eu lieu un peu avant cinq millions d'années.

Mais c'est en étudiant le comportement des grands singes que nous avons surtout progressé dans la connaissance de notre premier ancêtre : l'Australopithèque. Il est le premier à avoir marché debout, en Afrique-Orientale. Sous sa forme Afarensis, on le suit jusqu'à il y a trois millions d'années. Il se scinde alors en une branche Australopithèque Africanus jusqu'à − 2 millions d'années, puis Robustus jusqu'à − 1 million, et en une branche Homo : Habilis d'abord jusqu'à − 1,6 million d'années, Erectus ensuite jusqu'à − 300 000 ans, et enfin Sapiens, jusqu'à aujourd'hui. À ses débuts, Sapiens avait une forme archaïque dont les représentants les plus connus sont les Néanderthal d'Europe et d'Asie occidentale. Entre − 130 000 et − 30 000 ans, ils ont progressivement cédé la place à la forme la plus avancée, dont nous faisons toujours partie. Néanderthal et Sapiens ont cohabité, tout comme la branche latérale Australopithèque finale avec les débuts de la branche Homo, tout comme nous-mêmes cohabitons encore avec nos plus lointains cousins, les grands singes. Si nous ne veillons pas sur eux, ils s'éteindront aussi et nous resterons seuls, comme de grands benêts, sur nos ruines fumantes, pleurant l'assassinat de nos cousins.

---

1. Dans ce chapitre, je m'appuie sur la conférence donnée en 1986 au collège universitaire Darwin de Cambridge par David Pilbeam, professeur d'anthropologie à l'université de Harvard.

## Le comportement de nos ancêtres

Pour notre perspective SETI, il est essentiel de déterminer la façon dont se comportaient nos ancêtres successifs. On pourra ainsi mieux comprendre comment la technologie, puis l'intelligence ont pu apparaître. Tout d'abord, toujours selon D. Pilbeam, on doit relever les traits principaux qui différencient les hommes des singes : la station debout, le bipédisme, la libération des mains, la fabrication d'outils, un gros cerveau, des comportements culturels complexes et surtout appris, le langage, la chasse d'animaux et la collecte de plantes, l'utilisation d'une base fixe d'où partent des expéditions journalières et où sont rassemblées des activités variées, le contrôle de l'environnement et surtout la maîtrise du feu.

Australopithèque était plutôt chassé que chasseur et son comportement individuel et social était celui d'un singe. Il vivait en savane et en terrain boisé plutôt qu'en forêt. Bipède, il pouvait encore grimper aux arbres pour se nourrir, se protéger et se reposer. Il pouvait aussi accomplir des randonnées d'une source de nourriture à l'autre, avec un rendement locomoteur bien supérieur à celui des chimpanzés. Son régime alimentaire était fondé sur les plantes, surtout des fruits, puis des graines sèches. Ces végétariens vivaient en petits groupes de femmes et enfants avec un mâle adulte. Pour extraire sa nourriture et démontrer son agressivité, il utilisait des pierres, des morceaux de bois, comme le font aussi les chimpanzés. Sans doute était-il dépourvu de langage. Des connaissances plus précises sur les communications entre chimpanzés en situation naturelle nous seraient précieuses à ce propos. Pourquoi sont-ils devenus bipèdes ? Sans doute la savane leur a-t-elle imposé de plus longs parcours pour trouver nourriture et partenaires sexuels, pour défendre leur territoire, et aussi transporter le ravitaillement jusqu'à la famille.

Avec Homo Habilis, on progresse : les jambes deviennent plus longues, les reins plus flexibles ; des campements de base apparaissent, où on fabrique des outils frustes, comme les galets brisés ; la viande entre dans le régime alimentaire, tirée de carcasses abandonnées et du petit gibier. Homo Habilis sort d'Afrique et se répand jusqu'en Asie orientale.

Homo Erectus, quant à lui, possède un cerveau deux fois plus gros que celui d'Australopithèque : il entre en compétition avec les carnivores pour sa viande, comme charognard ou peut-être comme chasseur ; il contrôle le feu ; ses outils sont plus réguliers, impliquant des dons manipulateurs et mentaux plus évolués. Par contre, sa technologie est restée pratiquement la même pendant un million d'années, signe d'un comportement étonnamment stable.

L'homme de Néanderthal, lui, a des outils plus diversifiés fondés sur des éclats plus fins, comme des lances et des couteaux ; grâce à son corps massif et puissamment musclé, il est capable d'une grande activité ; il est endurant à la course et atteint le petit gibier au sprint ou à l'usure ; de charognard, il devient petit chasseur.

Enfin, la transition vers l'homme moderne a eu lieu il y a trente-cinq mille ans en Europe, cent à deux cent mille ans ailleurs. Peinture, sculpture, langage, outils sophistiqués, chasse organisée de gros gibier, habitats de base groupant de nombreuses activités, permettent l'accroissement de la population, aussi bien en densité qu'en étendue. Homo Sapiens a conquis la planète et l'a transformée, le stade crucial étant atteint, il y a dix mille ans, au Néolithique, avec l'agriculture et l'élevage.

Comme le disait David Pilbeam : « Il n'y a pas un point unique à partir duquel nous sommes devenus humains. Beaucoup de qualités " humaines " semblent s'être développées étonnamment tard. [...] Devenir humain a été un processus d'accrétion de nombreuses étapes, comprenant des événements singuliers − langage, bipédisme, nourriture carnée, utilisation du feu, grossesses courtes ; tous devaient être des événements très peu probables et certainement non inévitables. » Tout cela ne nous incite-t-il pas à être très modestes dans les conceptions que nous pouvons avoir de l'intelligence et de ses formes, et à nous préparer à des découvertes extraordinaires au cas où nous capterions des signaux provenant d'intelligences extra-terrestres ? L'exemple humain montre que le développement de l'intelligence n'est pas un processus linéaire. Il est facile de dire, après coup, qu'un plan grandiose a été suivi pour aboutir à une merveille. Comme pour le développement du cosmos depuis le *Big Bang* et celui de la vie terrestre depuis la fin du bombardement, il faut bien reconnaître au contraire que le développement de l'intelligence est passé par des chemins inattendus, sanctionnés ou éliminés par la sélection du meilleur.

*La tectonique des plaques et l'intelligence*

Un bon exemple de ce cheminement souvent inattendu est donné par l'origine africaine de la lignée humaine. Selon Yves Coppens, en effet, « il apparaît de plus en plus clairement que l'ancêtre de l'Homme est bien l'Australopithèque et que l'Australopithèque est bel et bien africain. [...] Nous avons presque la démonstration de l'évolution des Hominidés entre la vallée du Rift et l'océan Indien [...] et les données qu'il faut pour démontrer notre cousinage avec les Gorilles et les Chimpanzés ». Mais pourquoi l'Afrique et pourquoi cette région en particulier ?

Il y a une dizaine de millions d'années, la forêt équatoriale s'étendait à travers toute l'Afrique, de l'Atlantique à l'océan Indien. Puis, la grande cassure du Rift, par le relèvement de ses bords dû à l'extrusion du magma interne, a perturbé le régime des pluies, entraînant la disparition de la forêt du côté est. Un changement climatique, modifiant le paysage, serait ainsi responsable de l'apparition des hominidés. « Gorilles et chimpanzés pourraient représenter les descendants de ceux de nos ancêtres qui se seraient trouvés maintenus dans un paysage couvert ; Australopithèques et hommes ceux de nos ancêtres qui, isolés par un accident tectonique devenu peu à peu une barrière écologique, se sont trouvés confrontés à un climat qui se dégradait sans cesse, et ont dû s'adapter à un paysage ouvert. » N'est-ce pas là encore une belle, extraordinaire et inattendue histoire ?

*Homo Erectus et* SETI

Y. Coppens note que « Le biface, invention d'Homo Erectus, va prendre une place grandissante, qui va se maintenir plus d'un million d'années. [...] Bien que cet outil se transforme au long des millénaires [...], il ne faut pas oublier que ce progrès est celui de dix mille siècles ! » La lenteur de cette évolution ou la durée de cette technologie ont été particulièrement bien documentées par une fouille systématique, de fond en comble, de la grotte de Choukoutien, près de Pékin, entreprise depuis 1978 par des scientifiques chinois. Elle a été occupée par des Erectus, les Sinanthropes, de − 460 000 à − 230 000 ans ; 20 000 pièces lithiques ont été analysées, montrant un outillage simple, fondé sur des éclats plus ou moins aménagés, conduisant à des choppers, des racloirs ; le matériau est peu à peu passé du grès, facile à travailler, au quartz surtout, puis en partie au silex, plus difficile ; une progression assez modeste.

En fait, le seul progrès enregistré affecte la taille des outils : ils sont passés, en moyenne, d'un poids de plus de 50 g et d'une longueur de 6 cm à moins de 20 g et 4 cm. Ces gens avaient pourtant déjà une vie relativement décente, utilisaient le feu dès le début, avec une alimentation carnée énergétique, des grottes aménagées. Une si petite évolution au cours d'un intervalle de temps de deux cents millénaires, ou de deux mille siècles si on veut, au cours de 7 000 générations successives, laisse rêveur...

À mon sens, un tel état de fait a pour SETI une grande importance pour l'idée que l'on peut se faire de la durée des civilisations recherchées. Cette durée est un paramètre primordial pour les chances de réussite de SETI, car plus une civilisation dure longtemps, plus la probabilité de la détecter est grande... si elle est détectable. Le rythme actuel de notre développement technologique se mesure à l'aune d'une génération, disons de dix à cent ans. Une si courte échelle ne nous aide pas à imaginer des civilisations s'étendant sur le million d'années. Mais la grotte de Pékin est là pour nous montrer que c'est possible. Pour justifier de pareilles durées, on a souvent invoqué, à propos des extra-terrestres, un éventuel désintéressement vis-à-vis du progrès, ou bien une décision de croissance zéro. On peut aussi imaginer le passage régressif d'une culture acquise vers le domaine de l'inné, stoppant ainsi l'évolution technologique intelligente et la livrant à une évolution génétique bien plus lente, ainsi par exemple dans la construction des nids ou des termitières.

Mais une culture peut aussi atteindre un plafond conceptuel infranchissable. Après tout, il était peut-être hors de l'entendement d'Erectus que l'on puisse faire des outils encore meilleurs : il manquait tout simplement à sa tête la « case » ou la « bosse » correspondante dont son successeur, Neanderthal, a été doué après une longue attente. À tout le moins, ils fournissent à SETI un exemple de civilisation s'étendant sur le million d'années, fruste il est vrai, mais intelligente et technologiquement engagée.

## L'intelligence des mammifères

On aimerait avoir sur l'évolution de l'intelligence humaine beaucoup plus de détails que n'en peuvent fournir les indications sur l'évolution de sa technologie. Fort heureusement, des études, sérieuses et contrôlées, sur l'intelligence animale ont été entreprises depuis une vingtaine d'années ; des méthodes ont été élaborées à partir de l'observation *in situ* des comportements des animaux dans le but essentiel de ne pas être déviés par des biais anthropologiques qui fausseraient l'étude des autres espèces. Les problèmes essentiels se situent au niveau de la reconnaissance des signaux et de leur décodage.

Les dauphins fournissent à cet égard des éléments passionnants, tant la complexité et la plasticité de leur comportement sont grandes, tout comme leur faculté de communication symbolique, et ce à partir de chemins évolutifs tout à fait différents de ceux empruntés par les hommes. Notre filière vers l'intelligence n'est donc pas la seule : c'est un point fondamental pour SETI.

Les dauphins ont un grand cerveau, un comportement social évolué et échangent entre eux des signaux, non seulement vocaux, mais aussi visuels, tactiles, posturaux et peut-être gustatifs. À l'aide d'un clavier à neuf touches représentant des objets familiers (balle, anneau...) et émettant chacune un son différent, Diana Reiss, de l'université d'État de San Francisco, leur a appris à obtenir ces objets en émettant eux-mêmes le son correspondant, sans passer par le clavier. Les dauphins sont donc capables d'apprendre et d'utiliser des nouveaux codes de communication. Ces comportements intelligents, qui font intervenir les gènes et l'environnement, ont une valeur adaptative et permettent de réagir à des situations nouvelles, d'utiliser les expériences passées et de former des concepts et des généralisations, et ainsi de donner des réponses rapides intégrées, sans avoir recours à des expériences malheureuses d'essai/erreur.

## L'intelligence des oiseaux

Ces facultés, qu'on croyait réservées aux hommes et peut-être à quelques primates non humains, ont été mises au jour même chez les oiseaux. Irene Pepperberg, du département d'anthropologie de l'université North Western de l'Illinois, étudie depuis 1977 le comportement d'un perroquet gris du Gabon, Alex, né un an avant. Alex vit librement dans le laboratoire, est mis en cage la nuit et dispose en permanence d'eau et de graines. Pour son éducation, on le récompense de fruits, de légumes et de « jouets ».

Irene Pepperberg a mis au point trois méthodes : ou bien Alex est témoin d'un apprentissage démonstratif entre deux chercheurs ; ou bien on lui répète un mot dans un contexte varié ou bien, s'il fait une erreur, on en profite pour lui apprendre un nouveau symbole. Les résultats sont étonnants et n'ont rien à voir avec ceux que l'on obtiendrait d'un animal savant de cirque : Alex a appris le nom de 35 objets ou actions, de sept couleurs et de cinq formes ; il utilise des phrases comme « viens ici, je veux X, je veux aller à Y » ; – il sait utiliser « non » ; – il fait des combinaisons pour identifier, demander, refuser, classer, compter ; – il possède les concepts de catégorie, de ressemblance et de différence, révélateurs d'une aptitude à l'abstraction ; il sait chercher sur spécification.

Alex possède donc des capacités cognitives complexes, alors que l'organisation cérébrale diffère considérablement de celle des mammifères terrestres et aquatiques. D'autres formes d'intelligence, spécialisées pour des tâches qu'il nous reste à découvrir, sont donc possibles. Encore un bon point pour SETI !

*Technologie sans intelligence*

Jusqu'à quel niveau peut-on espérer trouver des indications d'intelligences ? Parmi les insectes sociaux, les abeilles utilisent la danse pour communiquer des informations sur la position d'une source de nourriture. De plus, elles sont capables d'apprendre, comme l'a montré une expérience où on déplaçait chaque jour la source de nourriture de la même distance : elles finissaient par se rendre sur le lieu extrapolé. D. M. Raup, professeur à l'université de Chicago, a ouvert une piste extrême : la climatisation des termitières, leur construction, les signaux électriques de certains poissons et la navigation magnétique de certains oiseaux sont des exemples d'ingénierie animale donnant des résultats fonctionnels apparentés à ceux de l'intelligence humanoïde. Mais ils sont ancrés génétiquement, suite à une longue évolution darwinienne. Les comportements d'apparence intelligente ne sont pas limités aux organismes intelligents, de sorte que l'on pourrait, selon D. Raup, parler d'intelligence non consciente. Peut-être le terme de technologie non intelligente est-il préférable. Toujours est-il que l'on peut envisager la possibilité que des espèces non intelligentes utilisent des techniques radio pour communiquer entre elles. Ce n'est pas démontré sur terre, mais ce n'est pas non plus exclu. Cette perspective peut élargir le champ de SETI : de telles communications intra-espèce peuvent en effet persister longtemps, du fait de leur origine darwinienne, et aussi atteindre des niveaux de puissance émise intéressants si de telles espèces prolifèrent dans leur milieu. Souvenons-nous du principe de plénitude évoqué par Schidlowski à propos des stromatolites.


*Antécédents de la conscience*


Quant aux antécédents de la conscience, on connaît les fameuses expériences réalisées en 1915 par W. Köhler sur des chimpanzés : confronté au problème de la banane accrochée au plafond, disposant d'une caisse et d'un bâton, le chimpanzé, d'abord frustré, s'agite. Soudain, sa figure s'éclaire : mettant aussitôt la caisse sous la banane, montant sur elle et saisissant le bâton, il obtient le fruit de son eurêka. Il y a là un comportement introspectif proche du seuil humain de considération consciente. Nul besoin alors de faire au hasard des essais/erreurs sur le moment : il suffit de simuler le problème en pensée. Une telle technique, selon W. H. Calvin, de l'université de Washington à Seattle, permet d'explorer des scénarios complexes. Il faut pour cela une mémoire tampon capable de stocker des séquences aléatoires de scénarios, et une mémoire contenant les souvenirs d'expériences passées épisodiques. En comparant les deux contenus, on peut classer les scénarios selon leur mérite pour résoudre le problème.

La machinerie neuronale est énorme. Elle a pu évoluer et se perfectionner par évolution darwinienne lors de l'apparition de la chasse par jet de projectile, qui a donné à nos ancêtres un net avantage. Lancer une pierre requiert la mise en action de plus de 80 muscles en une séquence planifiée avec une résolution temporelle bien plus fine que les temps de réaction normaux, qui se chiffrent en dixièmes de seconde. Tout le processus de jet doit être élaboré, dans le détail, rapidement et complètement, juste avant l'instant critique de son déclenchement, sinon la pierre n'atteint pas le gibier.

Ce travail est réalisé par ce que W. H. Calvin appelle la « machine darwinienne » qui a aussi été importante pour le martelage nécessaire à la fabrication des outils. Lors de ses périodes de repos, la machine était disponible pour arranger des concepts, ou des symboles, ou des mots, en séquences ouvrant des possibilités pour de futures avances vers notre intelligence. Calvin note que ces possibilités de jet et de martelage n'apparaissent pas avec le début de la marche debout et la libération des mains, mais bien deux ou trois millions d'années après. Elle surgit pendant les âges glaciaires, une série d'oscillations climatiques d'environ cent mille ans chacune, qui a soumis Habilis et Erectus à une pression sélective intense favorisant des progrès majeurs chez les survivants. Des effets encore plus rapides, à l'échelle régionale, ont pu survenir à la suite des changements brutaux des courants océaniques. Ainsi, en Europe, il y a onze mille ans, en dix ou vingt ans, la température a augmenté de 7° et la pluie de 50 % : la sélection de comportements versatiles pour s'assurer nourriture, abris, progéniture, toutes tâches rendues possibles par la « machine darwinienne », s'est trouvée favorisée.

On saisit ici encore la contingence de l'intelligence humaine, les possibilités insoupçonnées d'autres voies qui auraient aussi pu être empruntées et les vastes horizons vers lesquels SETI dirige ses écoutes.

## Les pas d'Australopithèque

Il n'empêche que le plus formidable témoignage du développement humain, de l'avis autorisé de nombreux paléoanthropologues, est fourni par les traces de pas laissées par les premiers hominidés à avoir marché debout. En 1978, Mary Leakey, qui depuis 1935 a consacré sa carrière à fouiller l'Afrique-Orientale, a découvert en un lieu nommé Laetoli, dans une couche de cendres du volcan Sadiman de Tanzanie, datée de 3,7 millions d'années, trois pistes de 25 m de longueur laissées par des Australopithèques.

Cette conservation exceptionnelle est due à une suite improbable d'événements fortuits, comme le raconte D. Johanson, le co-découvreur du squelette de Lucy avec Yves Coppens et Maurice Taieb :

« Il a fallu que le Sadiman crache un type de cendre bien particulier. Il a fallu qu'il pleuve presque immédiatement après. Il a fallu que les hominidés emboîtent le pas à la pluie. Il a fallu que le soleil sorte rapidement et durcisse leurs empreintes. Il a fallu ensuite qu'une nouvelle éruption du Sadiman vienne les recouvrir et les préserver avant qu'une nouvelle averse ne les efface. [...] Cela s'est passé au début de la saison des pluies, lors d'averses sporadiques, émaillées d'éclaircies avec un soleil brûlant. » La piste de gauche a été laissée par un petit Australopithèque et celle de droite, très probablement double, serait due à un grand, suivi par un moyen. En cette journée lointaine, une femelle suivait le mâle, alors que le petit tentait de faire des enjambées aussi grandes que celles de ses parents. Touchant témoignage de vie familiale.

Entre ces premiers pas accomplis par nos parents, et nos premiers pas sur un autre astre, la Lune, il s'est écoulé 3,7 millions d'années, c'est-à-dire le millième de l'âge de la vie sur terre. Un millième, en science, est un tout petit écart. Aussitôt, on se dit qu'on pourrait raisonnablement extrapoler vers l'avenir d'un autre tout petit millième.

À la vue de l'extraordinaire avancée réalisée par l'intelligence depuis Australopithèque jusqu'à Apollo, une conclusion s'impose : il serait déraisonnable de penser que l'intelligence humaine soit le summum de ce que le cosmos a pu produire. Dès lors, où serons-nous dans trois millions d'années ? Malheureusement, nos connaissances sont encore incapables de nous guider : nous ne pouvons que spéculer. Et pourtant nous voulons savoir. C'est ici que SETI peut nous éclairer sur les futurs possibles auxquels nous pourrions accéder. C'est en effet notre seul moyen observationnel capable, par la récolte d'informations sur d'éventuelles civilisations extra-terrestres, de nous renseigner sur cette question de prime importance pour notre avenir.

## *L'opposition inconsciente à* SETI

Cependant, il faut reconnaître que cette évidence est encore bien mal reçue, surtout en France, même par beaucoup de scientifiques. J'ai très souvent rencontré une opposition viscérale à l'existence éventuelle d'intelligences supérieures à la nôtre. Pendant des siècles, le mâle humain, imbu de supériorité, a refusé l'intelligence aux animaux, et même aux femmes. Et si, impressionné par les forces de la nature, il reconnaît parfois des intelligences infinies, celles-ci appartiennent à un monde en dehors du réel, donc hors compétition. Si on lui parle d'éventuelles intelligences supérieures à lui, vivant dans le cosmos réel, alors il hausse les épaules !

Ces comportements pourraient être à l'origine de l'opposition de certains à l'idée d'intelligence extra-terrestre. Je souhaite que nous prenions conscience de façon dégagée et libre de l'enjeu intellectuel primordial que peut représenter ce domaine de recherche. Ne tentons pas de l'ignorer, poussés que nous sommes par des comportements irrationnels.


## *Les supercivilisations de Kardashev*


Il y a près de trente ans, en 1964, un jeune étudiant soviétique préparant sa thèse en radio-astronomie n'a pas eu peur d'imaginer des intelligences supérieures à la sienne. Depuis, Nikolaï Kardashev est devenu directeur du plus grand radiotélescope du monde en ondes millimétriques, un paraboloïde de 70 m de diamètre, en construction à Samarkand. Partant d'évaluations toujours valables, il a remarqué que la consommation d'énergie de l'humanité se situe au niveau de puissance de $10^{13}$ watts (dix mille gigawatts) et augmentait, depuis soixante ans, de quelques pour-cent par an. En se limitant à une augmentation annuelle de 1 % seulement, il s'ensuit, qu'à ce rythme, elle atteindrait, dans trois mille deux cents ans, la puissance totale rayonnée par le Soleil, et, dans cinq mille huit cents ans, celle émise par notre galaxie entière. La quantité d'information gérée par notre société sera dans deux mille ans seulement, au taux actuel de croissance de 10 %, augmentée d'un facteur $10^{80}$. Elle dépassera (en bits) largement le nombre d'atomes présents dans l'univers observable. Une telle quantité d'information ne pourra donc pas être mise dans une mémoire matérielle. Même constatation pour l'évolution de la population : fondée actuellement sur l'utilisation de dix tonnes de matière par personne, au taux de croissance annuelle de 4 %, la population nécessiterait, dans deux mille ans, la masse totale de dix millions de galaxies. Il est saisissant de constater que l'activité humaine, extrapolée sur un intervalle de temps humain, puisse conduire à des activités à l'échelle cosmique ! N. Kardashev en tire des conséquences sur deux plans. Premièrement, pour la recherche des civilisations extra-terrestres, il ne faut pas nous fermer à des éventualités d'existence de supercivilisations, qu'il classe en trois types : I, celles qui utilisent des puissances comparables à celle de leur soleil reçue par leur planète ($10^{13}$ watts) ; II, celles qui utilisent la puissance de leur soleil ($10^{26}$ watts) ; et III, celles qui utilisent la puissance de leur galaxie ($10^{37}$ watts). Deuxièmement, N. Kardashev conclut que la progression exponentielle dont notre civilisation est nantie actuellement sera restreinte de façon inévitable et qu'en conséquence notre dynamique présente constitue une phase transitoire. En clair : cela ne peut pas continuer longtemps !

Que se passera-t-il ? Bien sûr, la conquête spatiale pourrait nous procurer place, énergie et matériaux. Mais elle ne sera qu'un petit épisode sans effet prolongé dans le temps. L'expansion de notre civilisation dans l'espace ne peut pas dépasser la vitesse de la lumière et, de ce fait, d'ici mille ans, sa croissance passera du régime exponentiel à un régime plus lent (proportionnel au carré du temps).

Selon N. Kardashev, des supercivilisations nettement moins gourmandes et prolifiques, mais bien plus avancées que nous, peuvent néanmoins exister. C'est pourquoi il a préconisé de rechercher les fuites astrotechnologiques, sous forme d'émissions provenant de travaux d'ingénierie à l'échelle cosmique, ou même d'observer directement ces travaux par leurs réalisations. Perspectives extraordinaires...

De plus, l'état de civilisation que nous traversons en ce moment est extrêmement transitoire à l'échelle cosmique. Que sont quelques millénaires en comparaison de milliards d'années ? Donc, d'autres « civilisations » doivent être moins avancées, comme les bactéries qui ont régné sur terre pendant des milliards d'années, ou les dinosaures pendant cent millions d'années, et difficilement détectables, ou au contraire plus avancées et potentiellement détectables. Mais des civilisations, comparables à la nôtre, sont peu probables.

Ce point de vue de physicien doit être complété par ceux d'autres disciplines. On a évoqué le plafond conceptuel qui pouvait handicaper Homo Erectus. Sans l'émergence de Néanderthal, il pouvait encore longtemps éviter la croissance exponentielle. D'ailleurs, ce plafonnement pourrait être un trait général : ne sommes-nous pas, en un certain sens, un peu présomptueux lorsque, dans notre recherche d'intelligences avancées, nous ne plaçons pas de limite supérieure aux intelligences possibles dans notre (je dis bien notre) univers ? N'oublions pas que, dans le schéma du *Big Bang* chaotique de Linde, notre cosmos peut n'être qu'un cas particulier, non remarquable à ce point de vue, et que pour trouver des intelligences indéfiniment supérieures, il faudrait prendre en considération une collection indéfinie d'univers. De leur côté, les sociologues évoqueront l'apocalypse nucléaire ou la pollution comme exemples de comportements suicidaires limitatifs. La dégénérescence ou la perte d'intérêt d'une civilisation sont d'autres facteurs possibles de limitation, ou tout simplement, à notre stade, la destruction de la Terre par la collision avec un astéroïde ou une comète, ou son éjection hors du système solaire par un comportement chaotique de ses planètes. N'oublions pas qu'être arrivés au point où nous en sommes tient déjà du miracle et que nous vivons une véritable odyssée cosmique.

*Chapitre 6*

# Les pionniers de SETI

Un matin parisien, sur un quai de la gare Saint-Lazare, j'ai laissé mon père ; du plus loin que nous avons pu, nous nous sommes fait signe pour un très long au revoir. Je partais pour une grande aventure, sans espoir de retour avant deux ans. Direction : le Havre, et de là, le paquebot de Grasse, pour une traversée d'une semaine. Sur l'océan immense, sous le ciel étoilé, des remous phosphorescents : lueur des animalcules vibrant sous celle des astres, l'une répondant à l'autre à travers des gouffres de milliards d'années de temps, par-delà des milliers d'années-lumière d'espace. Je me faufilais entre ciel et mer, vers l'Amérique, prestigieuse avant-garde des sciences en marche.

Destination Cornell, université prestigieuse, où mon directeur m'envoyait pour deux ans. C'était un principe pour Louis Leprince-Ringuet, professeur de physique à l'École Polytechnique et fondateur du Laboratoire des rayons cosmiques, ce grand patron non conventionnel de nature et de comportement, d'envoyer ses jeunes élèves, très vite, se frotter ailleurs. À Cornell, sur les bords du lac Cayuga, point de SETI. Carl Sagan n'y avait pas encore son laboratoire. Mais il y avait Hans Bethe, prix Nobel pour avoir découvert l'origine de l'énergie solaire, avec son fameux cycle du carbone. « Le Prince » m'envoyait à lui parce que, dans nos études sur le rayonnement cosmique, nous avions découvert un intrigant problème de physique nucléaire. Sur place, j'aidais aussi les Cocconi pour leurs observations dans les eaux profondes du lac, afin d'y trouver des mésons mu. Tous les mercredis, se tenait un *Journal Club* où le fulgurant, le passionnant, l'avant-gardiste P. Morrison nous tenait en haleine au bord de perspectives ahurissantes.


## Premières hypothèses

Giuseppe Cocconi et Phil Morrison sont les deux hommes qui, pour la première fois, ont, dans un article historique de la revue *Nature*, démontré qu'il serait possible, avec les nouvelles techniques de la radio-astronomie, de communiquer au travers des espaces interstellaires avec d'éventuelles civilisations extra terrestres. En fait, j'ai manqué l'événement, car leur fameux article est sorti huit ans après mon retour sur la montagne Sainte-Geneviève, au moment même où je m'étais transféré sur les coteaux de Meudon. J'y étais attiré par la toute nouvelle radio-astronomie française qui prenait son essor sous la direction active, éclairée et enjouée, amusée même, de Jean-François Denisse.

G. Cocconi et P. Morrison ont calculé que si d'autres radio-astronomes dans l'univers avaient des radiotélescopes et des récepteurs comparables à ceux de 1959, et des puissances d'émission semblables à celles dont nous disposions, il serait possible, malgré les distances colossales entre étoiles, de s'échanger des signaux radio, donc de communiquer. Ils préconisaient aussi d'utiliser, parmi l'immense spectre des possibilités de longueurs d'ondes, celle émise à 21 cm par les atomes d'hydrogène. Selon eux, puisque l'hydrogène est l'élément de loin le plus abondant dans le cosmos, sa longueur d'onde de 21 cm, physiquement remarquable, pourrait servir de repère universel pour la communauté des civilisations galactiques.


## La première écoute

La même année, mais empruntant une filière expérimentale et non pas théorique, un jeune Américain, Frank Drake, proposa à son patron de thèse de construire un récepteur radio spécial pour se mettre à l'écoute de signaux éventuels. Son directeur, Otto Struve, d'une lignée familiale d'astronomes éminents, le soutint dans cette entreprise et mit à sa disposition le tout nouveau radiotélescope de 24 m de diamètre du National Radio Astronomy Observatory à Greenbank, en Virginie. Drake avait lui aussi évalué la potentialité des techniques radioastronomiques pour les communications interstellaires, tout à fait indépendamment de Cocconi et Morrison. Lorsqu'elle est mûre, une idée peut éclore simultanément en des lieux différents.

Drake passa un an à adapter son récepteur au voisinage de la longueur d'onde de 21 cm et sélectionna ses cibles, deux des étoiles les plus proches ressemblant le plus au Soleil, tau Ceti et epsilon Eridani. La proximité relative de ces étoiles et l'éventualité qu'elles possèdent des planètes de type terrestre favorables à la vie augmentaient ses chances. À l'époque, on n'avait pas d'indications précises sur l'existence de telles planètes, mais il est amusant de se reporter à un texte de Camille Flammarion. Dans *Les Étoiles et les curiosités du ciel*, il écrit en 1882 : « L'étoile tau de la Baleine se fait remarquer par sa rapidité [...] Elle se meut comme si elle marchait de connivence avec nous, mais plus vite que nous, à travers l'immensité. Les populations sidérales qui habitent le système de ce soleil nous sont peut-être associées dans l'éternelle destinée. Il serait du plus haut intérêt d'essayer de mesurer la [distance] de cette étoile. » Texte visionnaire, captivant, invitant à l'aventure ; un siècle après on sait que tau Ceti est à douze années-lumière de nous et que sa consœur epsilon Eridani est une bonne candidate pour posséder une planète.

Pendant quelques semaines, Drake mena son programme d'écoute radio, baptisé OZMA, le premier à se tendre vers les espaces sidéraux. Première étoile, rien. Désespérant. Son récepteur était bien primitif : il ne comportait qu'un seul canal d'écoute, comme ceux de l'époque, ce qui ne permettait pas une exploration assez efficace des longueurs d'onde au voisinage de 21 cm pour tomber juste sur celle éventuellement émise... Deuxième étoile, bang ! L'enregistreur à plume se bloque à droite tellement le signal est fort !

Le taux d'adrénaline monte ; Drake a une réflexion immédiate, profonde et remarquable : était-il donc suffisant qu'un étudiant ne passe qu'un an à adapter un récepteur radio-astronomique pour qu'une aussi énorme découverte soit faite ? Était-ce donc si facile ? Que n'y a-t-on pensé plus tôt ? À quelles perspectives ahurissantes nous serions-nous fermés sans ce petit effort ? Mais Drake garde son sang-froid : c'est trop simple pour être vrai ! Il passe des jours à décortiquer le signal pour, d'abord, le vérifier et, ensuite, examiner toutes sortes d'explications plus banales. Par exemple, ce signal « extra-terrestre » pourrait être dû à un parasite électrique émis par le laboratoire voisin, tout simplement. Par prudence scientifique, il garde le secret, en attendant ; puis tout à coup, l'explication surgit : le signal provient d'avions stratosphériques quasiment invisibles, les fameux U2 militaires chargés d'espionner l'Union soviétique à 20 000 m d'altitude, dont le secret a été dévoilé lorsque l'un d'eux a été abattu au-dessus de l'Oural.

Déception bien sûr, mais la méthode est lancée pour des décennies ; ce n'est déjà pas si mal pour un début d'avoir détecté un signal radio artificiel provenant d'une intelligence (au sens américain) stratosphérique. Frank Drake entre dans l'histoire. Le futur humain qui détectera un réel signal extra-terrestre artificiel, même dans des siècles, lui rendra probablement hommage.

*Les trois hypothèses de base*

Trente ans après les premières initiatives, théorique et expérimentale, de Cocconi, Morrison et Drake, SETI est devenu une affaire de cent millions de dollars aux États-Unis. Mais les critiques sont encore nombreuses, du moins en France. Aussi est-il important de bien présenter ses arguments.

Comme dans toute entreprise scientifique sérieuse, SETI émet quelques hypothèses de travail raisonnables, en tire les conséquences, puis tente de les vérifier, par l'observation ou l'expérimentation, avant de pousser plus avant, évitant, par cette méthodologie, les funestes écueils de la spéculation gratuite, trop souvent oiseuse et malfaisante.

*Première hypothèse* : « La vie sur terre est le résultat de l'évolution naturelle de processus physiques du cosmos. »

Les développements rapportés au début de ce livre montrent le caractère raisonnable de cette hypothèse. « Physique » est pris dans son sens large de sciences naturelles : chimie, biologie, etc. De toute façon, hypothèse ne signifie pas dogme, ou axiome, ou principe, ou vérité révélée. Lorsque je travaillais en cosmologie, je n'aimais pas les fameux principes évoqués par certains, comme le principe cosmologique parfait. Pourquoi, *a priori*, la nature suivrait-elle des diktats ? Si une hypothèse semble valable dans tous les cas où nous pouvons la tester, cela n'implique pas qu'elle soit effectivement un principe. Bien souvent ces faux principes, qui ne sont que des faits bien établis, que l'on peut à la rigueur élever au rang de loi, sont jetés à bas par une nouvelle enquête expérimentale ou observationnelle. Que rien ne puisse dépasser la vitesse de la lumière est bien établi expérimentalement et a trouvé une excellente théorie pour l'encadrer, la relativité d'Einstein. Mais déjà, les fluctuations de la physique quantique permettent, dans certaines circonstances, des dépassements, minimes d'ailleurs. Bien que la compréhension du cosmos soit puissamment soutenue par les mathématiques, la nature n'est pas un théorème en marche.

*Deuxième hypothèse* : « Ce qui est arrivé sur Terre a pu arriver ailleurs. »

Il y a en moyenne des dizaines de milliards d'étoiles dans chaque galaxie, et dans l'univers observable, jusqu'à l'horizon cosmologique à quinze milliards d'années-lumière, il y a cent milliards de galaxies. Parmi ces cent milliards de dizaines de milliards d'étoiles, soit $10^{21}$ étoiles, 10 % sont semblables à notre Soleil. De plus, notre Terre n'existe que depuis quatre milliards et demi d'années, alors que l'univers a débuté avec le *Big Bang* il y a quinze milliards d'années, et que la plupart de ses galaxies l'occupent depuis une bonne douzaine de milliards d'années, soit le triple de l'âge de la Terre. Les « ailleurs » potentiels ne manquent donc pas.

*Troisième hypothèse* : « L'intelligence humaine n'est pas le *nec plus ultra* de ce que le cosmos a pu produire. »

Il a fallu quatre milliards et demi d'années pour en arriver au stade qui est le nôtre aujourd'hui. Mais d'autres étoiles de type solaire existent depuis bien plus longtemps ; cependant, à des époques très reculées, les étoiles, n'ayant pas d'éléments plus lourds que l'hélium, ne pouvaient avoir de planètes telluriques. Une estimation raisonnable permet de dater les étoiles (avec éléments lourds) de type solaire les plus anciennes à une dizaine de milliards d'années dans le passé. Ces étoiles ont donc une avance de cinq milliards d'années sur nous. Souvenons-nous que l'évolution gigantesque accomplie depuis Australopithèque jusqu'à nous, a pris seulement 3,7 millions d'années : qu'est cela comparé à cinq milliards ? Le mille trois centième ! Comment rejeter que, pendant des milliards d'années, dans des milliards de galaxies, contenant des milliards d'étoiles, des processus évolutifs physiques aient pu aboutir à des résultats plus avancés que ceux de notre petite Terre en cette fin de cet anodin XX<sup>e</sup> siècle ? Personne ne peut raisonnablement refuser *a priori* cette éventualité.

*Conséquence éventuelle* : « Il pourrait exister dans le cosmos des étapes plus avancées que la nôtre. »

Qu'elles correspondent à des petits hommes verts ou aux super-civilisations de Kardashev, qu'elles soient d'origine planétaire et biologique comme pour nous, ou d'origine nébulo-magnéto-inter-sidérale comme dans *Le Nuage noir* de Fred Hoyle, ou qu'elles soient le produit de développements artificiels fondés sur une technologie d'ordinateurs ressemblant à une étape évoluée de la nôtre, qu'elles correspondent à des sociétés d'organismes multiples ou à des organismes uniques qu'il faudrait appeler êtres, gens, sociétés, technologies, civilisations, colonies, personnes, individus, nous n'en savons strictement rien. La seule caractéristique que nous puissions associer à ces étapes avancées est d'être extra-terrestres, dans le sens nominatif ou adjectif de ce terme. Aussi appellerons-nous ces « autres » des extra-terrestres, simplement.

*Test observationnel* : « Entreprendre SETI. »

SETI est en effet le seul moyen à notre disposition pour tenter de vérifier par l'observation l'existence d'extra-terrestres. On peut tenter d'en recevoir des émissions, intentionnelles ou non, par le truchement d'ondes électromagnétiques, qui sont des vecteurs d'information relativement accessibles à notre technologie actuelle et qui se propagent à la vitesse maximale possible, celle de la lumière, 300 000 km/s. Si on en reçoit, et si on prouve leur nature artificielle, on aura démontré que les hypothèses et leur conséquence sont valables, et que de plus, nous ne sommes pas seuls dans l'univers...

## *Extra-terrestres par millions*

Combien y aurait-il d'extra-terrestres ? Sans hésitation, je réponds qu'il pourrait en exister des millions. Ce nombre peut sembler excessif, mais il n'en est rien. Imaginons en guise d'illustration, qu'il n'existe qu'une société extra-terrestre pour dix mille galaxies, estimation très faible par rapport au point de vue courant, axé sur la recherche d'une civilisation dans notre seule galaxie. Cela correspond, pour l'univers observable, à effectivement dix millions de sociétés. Si on compte alors en nombre d'individus, au taux de dix milliards d'individus par société, comme bientôt pour le cas humain, on arrive, pour l'univers observable, à cent millions de milliards d'extra-terrestres ! En comparaison, des millions paraissent effectivement bien modestes.

*Dix mille galaxies...*

Parler d'extra-terrestres par millions ne signifie pas qu'il suffise d'allumer un simple transistor pour capter leurs messages puisque, en moyenne, il faudrait explorer dix mille galaxies pour avoir une chance raisonnable d'en trouver une qui soit « habitée ». L'étude des galaxies situées dans notre voisinage montre qu'en général, elles se répartissent en groupes ou amas. Ainsi, notre galaxie représente, avec celle d'Andromède, un des deux principaux membres du « Groupe Local », qui comprend en tout une douzaine de galaxies dans un rayon de trois millions d'années-lumière. Jusqu'à une distance de trente millions d'années-lumière, le grand spécialiste franco-américain des galaxies, Gérard de Vaucouleurs, professeur d'astronomie à l'université du Texas, à Austin, a dénombré une quinzaine de groupes semblables, et il faut atteindre des distances bien plus grandes encore pour rencontrer les amas, beaucoup plus riches : l'amas de la Vierge, avec plus de 2 300 galaxies, est à cinquante millions d'années-lumière, celui de la Chevelure de Bérénice, avec un millier de galaxies, est à trois cents millions d'années-lumière, et autant pour le super amas d'Hercule, atteignant une dizaine de milliers d'objets.

Donc étudier dix mille galaxies requiert de sonder l'espace jusqu'à quelques centaines de millions d'années-lumière, distance énorme lorsqu'on la compare à la toute petite centaine d'années-lumière qui est la distance maximale à laquelle sont situées les mille étoiles-cibles du programme initié par la NASA en 1992.

*L'équation de Drake*

Le problème de la détection d'extra-terrestres a été bien formulé par la célèbre équation de Frank Drake. Du point de vue mathématique, son équation, toute simple, ne fait intervenir que des multiplications. Elle donne le nombre de civilisations fondées sur une vie comparable à la nôtre qui, dans notre galaxie, uniquement, serait capable de communiquer sur des distances interstellaires :

$$N = R \times S \times P \times E \times L \times I \times C \times V.$$

Elle comporte des facteurs cosmiques, biologiques et technologiques. Les premiers regroupent les conditions nécessaires à l'existence d'étoiles pourvues de planètes favorables à l'apparition de la vie :

— R donne le nombre d'étoiles se formant par année dans notre galaxie ;

— S est la fraction de ces étoiles à être de type solaire ;

— P la fraction de celles d'entre elles ayant des planètes ;

— E le nombre de planètes situées à des distances de l'étoile favorables à l'apparition de la vie.

Parmi les facteurs biologiques :

— L donne la fraction de ces planètes sur lesquelles la vie apparaît ;

— I leur fraction où s'est développée une intelligence.

Enfin, parmi les facteurs technologiques :

— C est la fraction d'espèces intelligentes développant des techniques de communication ;

— V la durée de vie de la phase communicative en années.

Ces facteurs transcrivent tout simplement en valeurs numériques les conditions successives nécessaires à l'accomplissement du but cherché : des civilisations semblables à la nôtre pouvant communiquer.

Pendant des décennies, depuis sa formulation, on a vainement tenté de chiffrer ces différents facteurs. Seul le taux de formation d'étoiles et la fraction d'étoiles de type solaire sont évaluables. Mais on n'a pas encore d'information sur la présence de planètes, encore moins sur celles qui seraient favorablement placées.

Comme la vie s'est rapidement développée sur Terre, L peut être proche de 1 ; mais que vaut I quand on pense que pour apparaître notre intelligence a mis quatre milliards d'années, un temps vraiment cosmique ? C pourrait aussi avoisiner 1 mais qui peut chiffrer V ? Pour nous, la phase communicative n'existe que depuis une trentaine d'années, sous la poussée des pionniers de SETI, et grâce aux développements de la radio-astronomie.

Combien de temps aurons-nous envie de communiquer ? Ne disparaîtrons-nous pas en catastrophe d'ici le siècle prochain, notre technologie persistera-t-elle au contraire pendant un million d'années comme celle, insuffisante cependant, d'Homo Erectus ? Autant d'incertitudes qui indiquent que N est compris entre dix milliards, le nombre d'étoiles de type solaire dans notre galaxie, et 1, représentant le seul cas connu de civilisation, le nôtre. Et c'est cette impossibilité de conclure qui a lancé les scientifiques sur des pistes nouvelles d'observation : des techniques sophistiquées pour tenter de découvrir des planètes autour d'autres étoiles, et surtout SETI pour essayer de réellement détecter des signaux extra-terrestres.

# Chapitre 7

# Pourquoi des ondes radio ?

La meilleure façon de chercher les extra-terrestres ne serait-elle pas d'aller voir, d'étoile en étoile, si l'une de leurs planètes en laisse apparaître les traces ? Sans nécessairement nous y transporter nous-mêmes, il suffirait d'y expédier un des robots qui nous ont permis ces dernières années d'explorer les planètes et satellites de notre système solaire, depuis Mercure jusqu'à Neptune.

Ces randonnées télévisées, renforcées par des détections et mesures en tout genre, nous ont renseignés sur une série impressionnante de corps célestes : de Mercure aux satellites Phobos et Deimos, de l'astéroïde Gaspra et du noyau de la comète de Halley au fameux Titan, jusqu'à Triton, doté aussi d'une atmosphère d'azote. C'est par lui que s'est terminé ce périple historique, à 4 milliards et demi de kilomètres, trente fois la distance Terre-Soleil ; la lumière met 4 heures pour franchir une telle distance. Alors pourquoi ne pas continuer et aller, au moins, jusqu'aux étoiles les plus proches, Proxima, ou alpha du Centaure ? Ne sommes-nous pas sur le chemin, puisque les sondes Voyager et leurs précurseurs, les sondes Pioneer, sont sorties du système solaire ?

Le record de distance est détenu par Pioneer 10, lancé en 1973, avec 6 milliards de kilomètres. Depuis quelque temps, on étudie le projet Tau, pour Thousand Astronomical Units, un engin devant atteindre mille fois la distance Terre-Soleil dans l'espace interstellaire, soit 150 milliards de kilomètres ou cent trente heures-lumière ; lancé par les moyens usuels de fusées à propulsion chimique, le parcours prendrait cinquante ans, un laps de temps que les humains commencent à considérer comme abordable pour une exploration scientifique. Mais voici le point crucial : Proxima se trouve à quatre années-lumière, soit trente-cinq mille heures-lumière ou trois cents fois la distance qu'atteindrait Tau en un demi-siècle ! Le voyage durerait donc cent cinquante siècles. Quel savant aura la motivation nécessaire, quel politique apportera. le soutien indispensable à une telle entreprise ?


*Les voiles solaires*


Cependant, scientifiques et ingénieurs ne sont pas rebutés dans leurs tentatives de trouver des voies nouvelles. L'une d'elles a été ébauchée par Hermann Oberth, le pionnier de l'astronautique. Né en 1894, il a publié à trente ans *Die Rakete zu den Planetraümen* (Fusées et espace interplanétaire), où il a jeté les bases de la propulsion à réaction dans le vide de l'espace. Il a aussi été à l'origine de la Verein für Raumshiffahrt, l'Association pour les voyages dans l'espace, d'où devait émerger Werner von Braun. La VfR construisit, selon les plans d'Oberth, les premières fusées à essence et oxygène liquide. En plus de ces percées, ce précurseur émit l'idée de la propulsion par voile solaire. Si une grande surface réfléchissante est exposée dans l'espace au rayonnement solaire, chaque photon, en s'y réfléchissant, la repousse ; pour un hectare de surface, la force exercée par cette pression de radiation vaut dix grammes. C'est fort peu, mais si la surface est construite avec un film très fin, du Kapton aluminisé de dix microns d'épaisseur par exemple, on obtient une voile solide et légère sur laquelle soufflera le flux des photons solaires en lui imprimant une accélération non négligeable. Une telle voile photonique, déposée en orbite élevée au-dessus de la Terre, donc hors de tout freinage atmosphérique, pourra acquérir une vitesse de plus en plus grande : en un an elle pourrait atteindre la Lune. D'ailleurs, elle serait alors tellement libérée de l'attraction terrestre qu'il lui suffirait de voguer un an de plus seulement pour atteindre Mars.

Ce moyen fabuleux a donné naissance au projet de « course à la voile » dans l'espace interplanétaire ; trois engins, un européen, un américain et un japonais, de 200 kg chacun, devraient être lancés par une Ariane ou un Proton soviétique pour rallier la Lune ; le premier retransmettant une photo de la face cachée aurait gagné cette première régate spatiale. L'intérêt technologique et mobilisateur est certain, mais les subventions n'ont encore pas été obtenues. Ces projets posent des problèmes intéressants pour le déploiement en orbite de grandes surfaces minces, en général d'un quart d'hectare, soit par des mâts diagonaux télescopiques ou gonflables, soit par une double enveloppe, en sandwich plat, gonflable et rigidifiable sous l'action des UV solaires. L'intérêt pour de futurs grands radiotélescopes spatiaux destinés à SETI est incontestable.

Les problèmes de manœuvres eux aussi sont excitants ; on peut utiliser des volets périphériques, plus ou moins inclinables, pour orienter la voile « dans le vent ». Christian Marchal, directeur de recherches à l'Office national d'études et de recherches aérospatiales, étudie des manœuvres par effet magnétique : en disposant un fil électrique sur le pourtour et en le faisant parcourir par un courant, fourni par des panneaux solaires usuels, on obtient une boucle magnétique qui s'orientera selon le champ magnétique terrestre, ou interplanétaire ; il suffit d'un commutateur inverseur pour renverser l'effet et ainsi agir sur l'orientation de la voile à volonté.

Des perspectives encore plus grandioses surgissent en ce qui concerne les voyages vers les étoiles. Une voile de plusieurs kilomètres carrés pourrait atteindre Proxima du Centaure en une ou deux décennies seulement, à condition de « souffler » dessus avec un puissant faisceau laser, car dans le vide intersidéral, loin de toute étoile, il fait aussi sombre que sur Terre en pleine nuit. Ce faisceau laser serait produit, à partir du rayonnement solaire, par une centrale thermique circulant autour du Soleil au voisinage de l'orbite de Mercure. Le point intéressant est que l'engin ne transporte aucun propergol et n'est donc pas alourdi par des masses à éjecter.

La mise en œuvre de cette technologie n'est pas pour demain. Cependant, les ex-Soviétiques, partant de la station orbitale Mir, vont faire un tout petit pas : le cosmonaute français qui a volé à son bord en 1992 a déployé une voile expérimentale de 40 cm de côté pour tester finement ses réactions. À la fin de 1992, grâce au projet Znamya, ils feront un pas de plus avec une voile de 25 m de côté. Celui d'Armstrong sur la Lune en 1969 a révélé la valeur des petits pas, qui sont souvent de grandes aventures pour l'humanité. Si les projets soviétiques persistent, des voiles de plusieurs hectares pourraient être déployées aux environs de l'an 2000...

## Utilisation des rayonnements

Si, pour ce siècle, il n'est pas question d'aller voir sur place nous-mêmes ou avec des robots, difficiles à accélérer, le salut peut venir des rayonnements. C'est ainsi que l'astronomie a fonctionné depuis des millénaires ; on regarde le ciel, on le photographie, on enregistre sa lumière, ou ses lumières, qu'elles soient visibles ou invisibles, telles les ondes infrarouges, radio, UV, X ou gamma.

Ces ondes électromagnétiques sont des perturbations de champs électriques et magnétiques se propageant dans l'espace, d'autant plus facilement qu'il est plus vide, et cela à la vitesse de 299 792 458 m/s, vitesse $c$ que, selon la relativité d'Einstein, aucun corps matériel ne peut dépasser. En effet, quand on fournit de l'énergie à un corps pour l'accélérer, il faudra lui en donner à un taux de plus en plus vorace lorsqu'on se rapproche de $c$ ; à tel point que, pour atteindre $c$, il faudrait lui fournir une énergie infinie. C'est pourquoi les photons, ces corpuscules associés aux ondes électromagnétiques par la vision onde-corpuscule de la physique quantique, et se déplaçant à la vitesse $c$, sont considérés comme sans masse s'ils étaient au repos. La vitesse $c$ est une constante de la physique, depuis les théories relativistes jusqu'aux théories quantiques. C'est même une constante de la nature, du moins de l'univers dans lequel nous sommes plongés. Une précision encore : si dans l'air, ou du verre, la lumière se propage à une vitesse différente de $c$, c'est suite à des interactions avec les atomes qui s'y trouvent.

Les ondes électromagnétiques nous permettraient donc, en principe, de « voir » de loin des extra-terrestres, et cela de la façon la plus preste qui soit, puisqu'elles sont les messagers les plus rapides.

## Les neutrinos

Mais il n'y a pas que les ondes électromagnétiques. Une astronomie nouvelle, donc des moyens de perception à distance nouveaux, sont nés de façon spectaculaire le 23 février 1987 : vingt neutrinos ont été enregistrés dans plusieurs laboratoires sur terre au moment même où on observait l'effondrement d'une étoile conduisant à l'explosion de la supernova 1987 A, dans le Grand Nuage de Magellan, une de nos plus proches petites galaxies voisines (située quand même à cent soixante-dix mille années-lumière d'ici). Ces laboratoires, depuis des années, enregistraient les neutrinos provenant des réactions nucléaires se produisant au cœur du Soleil ; 1987 A nous envoyait des neutrinos de beaucoup plus loin.

Les neutrinos sont les particules les moins massives que l'on connaisse, à tel point que la mesure de leur masse est encore trop délicate pour nos instruments. Ils sont donc capables de se propager à une vitesse proche de celle de la lumière si on leur communique une énergie raisonnable et peuvent donc nous renseigner, rapidement aussi, sur les profondeurs de l'univers. Ce sont eux qui nous permettraient de nous approcher le plus près de l'horizon cosmologique, car les photons des ondes électromagnétiques s'engluent dans les purées denses des premiers instants qui suivent le *Big Bang* ; avec eux, on ne peut remonter à moins de trois cent mille ans de l'instant zéro, époque à laquelle électrons et noyaux primordiaux se sont combinés en atomes, relativement transparents pour leur propagation. Tandis que, pour les neutrinos, la purée initiale n'oppose pratiquement pas d'obstacle ; leur observation dans le passé n'est limitée que par le moment où ils sont apparus en quantité suffisante, vers la fin de la Seconde la Plus Longue. Hélas, justement à cause de leur propagation quasiment insensible aux obstacles, il nous est très difficile de les détecter par interaction avec les matériaux de nos instruments. Malgré leur grande taille, nos détecteurs de neutrinos n'en ont observé qu'une vingtaine lors de l'effondrement de la supernova 1987 A. La technologie d'exploration du cosmos par neutrinos est encore dans l'enfance, à moins que des entreprises d'astro-ingénierie extra-terrestres n'en produisent en quantité...

*Les ondes gravitationnelles*

Je ne ferai que citer au passage les rayons cosmiques, d'origine astrophysique (Soleil, espace interstellaire, quasars...) et effleurer les ondes gravitationnelles, prévues aussi par Einstein. On commence à avoir des indications sur leur existence par l'étude des pulsars doubles. Ces ondes aussi se propagent à la vitesse de la lumière c.

Des instruments de nouvelle génération, très coûteux, sont à l'étude pour tenter de les détecter systématiquement ; ainsi, lorsque l'étoile de la supernova 1987 A s'est effondrée, elle a subitement changé la courbure de l'espace dans son voisinage, et cette modification a dû se propager, sous forme d'une onde sphérique, en imposant sur son passage, de proche en proche, une courbure transitoire à l'espace, tout comme une pierre jetée dans un étang génère une onde de courbure à sa surface. Si le futur instrument avait été en service, on aurait pu la détecter en même temps que les 20 neutrinos.

Une autre méthode de détection, à notre portée, utiliserait les pulsars. On sait maintenant compter, sans en omettre une seule, toutes les impulsions radio reçues d'un pulsar, même au rythme de ceux faisant jusqu'à mille tours par seconde, et on sait de plus chronométrer leurs instants d'arrivée à mieux que la microseconde. Imaginez alors qu'une onde gravitationnelle vienne à traverser le chemin suivi par les ondes radio du pulsar pour venir à nous ; celles-ci, rencontrant une portion d'espace dont la courbure est modifiée, auront un trajet, astreint à s'adapter à cette nouvelle courbure, plus complexe, et leur temps d'arrivée sera légèrement retardé ou avancé. On compte beaucoup sur cette nouvelle technologie pour détecter des ondes gravitationnelles. Et comme il n'est pas exclu qu'une supercivilisation crée, par de l'astro-ingénierie à très haute puissance, des effondrements majeurs de matière, on aurait là un moyen de les mettre en évidence.

Cependant, soyons réalistes. Actuellement, la filière la plus accessible consiste à tenter de détecter des ondes électromagnétiques générées par des civilisations extra-terrestres. Comme aucun principe de physique connu n'interdit l'existence de ces ondes, bien au contraire de par les trois hypothèses de travail déjà énoncées, le pragmatisme nous amène à les rechercher.


*Ondes électromagnétiques*


Toutes de même nature, elles sont caractérisées chacune par leur longueur d'onde ; les perturbations des champs électromagnétiques peuvent se représenter, dans un cas simple, comme des variations alternatives de l'intensité de ces champs en un endroit donné ; l'intensité augmente, diminue, augmente, etc., périodiquement, de façon régulière, par exemple cent millions de fois par seconde ; la période est alors un cent millionième de seconde. Mais cette variation régulière en un endroit donné se propage en d'autres endroits de l'espace à la vitesse c. Donc, en une seconde, le trajet parcouru aura 300 000 km de long, et tout le long de ce trajet, on observera des alternances d'augmentations et de diminutions de l'intensité, correspondant à cent millions d'ondulations. Entre chaque maximum de l'intensité, il y aura donc une longueur égale à 300 000 km divisés par cent millions, c'est-à-dire 3 m. Trois mètres est la longueur d'onde des ondes électromagnétiques oscillant au rythme de cent millions de fois par seconde. Et ce nombre d'oscillations par seconde est appelé la fréquence des ondes en question, que l'on chiffre en Hertz, donc ici cent mégaHertz. Cent mégaHertz (MHz en abrégé) est la fréquence des ondes utilisée par les émetteurs FM ; en France leurs fréquences sont comprises dans la bande de 87 à 107 MHz.

J'en profite pour tout de suite donner la notion de largeur de bande de fréquence, primordiale pour SETI. Bien évidemment, pour ne pas se gêner l'un l'autre, les émetteurs FM doivent utiliser des fréquences d'émission différentes. Imaginons qu'ils soient deux cents à devoir se partager la bande 87-107 MHz ; chacun disposera alors d'une largeur de bande de 0,1 MHz, ou 100 kHz. On la nomme souvent « canal » en télévision.

Mais pourquoi ne pas accommoder mille émetteurs, chacun disposant alors d'un canal de 10 kHz seulement ? Ici aussi intervient une notion fondamentale que nous rencontrerons souvent pour SETI : si un émetteur dispose d'un canal de 10 kHz de largeur, il pourra moduler son onde porteuse d'émission dans une plage de fréquences allant de 0 à 10 kHz ; or la modulation est ce qui permet de faire transporter par l'onde porteuse des informations ; sans modulation les ondes émises auraient une fréquence fixe, vide d'information, ressemblant à un sifflement continu. Si on veut transmettre des sons (paroles, musique, images) il faut moduler, c'est-à-dire jouer sur des variations de fréquences et d'intensités des ondes émises. Mais cela ne pourra se faire qu'à l'intérieur des 10 kHz disponibles dans le cas considéré, donc aucun son plus aigu que celui correspondant à dix mille vibrations par seconde ne pourra être émis.

Si cela ne satisfait pas les mélomanes, il faudra accommoder moins d'émetteurs, car la largeur du canal disponible donne la fréquence maximale transmissible. En fait, tout cela découle de la théorie de la transmission de l'information et de la théorie des transformations de Fourier, le célèbre mathématicien baron Joseph Fourier, découvreur en 1812 des séries trigonométriques, « instrument mathématique d'une importance considérable », dit le Larousse dans sa concise force.

*Ondes radio décimétriques*

Si les récepteurs FM sont sensibles à des ondes électromagnétiques de 3 m de longueur d'onde, nos yeux perçoivent des ondes de 0,4 à 0,8 micron, les ondes dites visibles, du violet au rouge. Leurs fréquences sont dans la bande des millions de milliards de Hertz. Les UV, les X et les gamma ont des fréquences encore plus élevées, tandis que les infrarouges de 1, 10 ou 100 microns (soit 0,1 mm), font la transition vers les ondes radio millimétriques. Une plage particulièrement importante pour SETI est celle des ondes décimétriques, allant de 3 à 30 cm, dont les fréquences sont comprises entre 10 et 1 gigahertz.

Pourquoi SETI cherche-t-il à détecter des ondes décimétriques ? Cela provient de questions pratiques. Pour les ondes plus longues, le ciel devient brutalement très « lumineux », car des astres de toutes sortes, que ce soient des nébuleuses gazeuses, des radiogalaxies, des quasars, des pulsars, des supernovae, des restes de supernovae émettent, naturellement et intensément, dans les ondes métriques ou plus longues encore. Tenter de détecter une émission émanant de civilisation en ondes métriques reviendrait donc à vouloir photographier des étoiles en plein jour : le fond du ciel masquerait, par son intensité, le faible éclat provenant d'une étoile. Cet effet « plein jour » est donc à éviter.

D'autre part, pour les ondes plus courtes que le centimètre, un phénomène défavorable, lié à la double nature onde-corpuscule des ondes électromagnétiques, entre en jeu. Selon la physique quantique, toute onde est associée à des corpuscules (les photons, au sens large) dont elle régit la répartition et les mouvements dans l'espace. On trouve la plus grande probabilité de présence des photons associés là où l'onde est plus intense. En outre, l'énergie de chaque photon est proportionnelle à la fréquence de l'onde associée. Par conséquent, pour une énergie totale donnée transportée par une onde, il y aura, à cause de cet « effet quantique », d'autant moins de photons associés que la fréquence est plus élevée.

Revenons à une civilisation envoyant des signaux. Si elle utilise des ondes de fréquence élevée, elle aura, pour un budget énergétique donné, un nombre relativement réduit de photons disponibles pour sa transmission. Or ce sont en définitive les photons qui véhiculent l'information : si on reçoit un photon, on note « 1 », si on n'en reçoit pas, on note « 0 » ; les suites de 0 et 1 forment les suites de bits servant à coder l'information. En conséquence, une civilisation, désirant transmettre le maximum d'information (donc de photons) pour un budget énergétique donné (l'énergie fournie à son émetteur), ne doit pas utiliser des ondes de fréquence élevée.

C'est ici, pour clore cette importante question des ondes SETI les plus favorables, qu'entre en jeu de façon inattendue le *Big Bang*. Le fond d'ondes radio reçu de toutes les directions du cosmos (le rayonnement cosmologique à 2,7 K) est le résidu fossile du rayonnement intense qui emplissait l'univers juste après le *Big Bang*. Ce fond de ciel est évidemment gênant, quoique faible, mais inévitable. Quand on le place dans le bilan général, on trouve que l'inconvénient « quantique » relatif aux fréquences élevées ne surpasse l'inconvénient *Big Bang* que pour les fréquences supérieures à la trentaine de gigaHertz (longueurs d'onde inférieures à 1 cm). Ces trois effets « plein jour », « quantique » et *Big Bang* impliquent que la bande de fréquences la plus favorable pour entreprendre SETI va de 1 à 30 GHz.

Cependant, la vapeur d'eau contenue dans notre atmosphère empêche les observations depuis le sol dans la bande des 20 GHz. En définitive, si on ajoute cet « effet vapeur d'eau » aux trois effets précédents, tant qu'on ne peut installer de grands radiotélescopes dans l'espace, la plage favorable pour SETI va de 1 à 10 GHz, celle des ondes décimétriques. Comme les radioastronomes sont des débutants dans ce métier de détective cosmique, et qu'en plus ils ont l'esprit pragmatique, c'est par leur intermédiaire qu'en premier lieu ils vont chercher.

## Signaux à bande étroite

Ayant ainsi repéré la bande des fréquences les plus favorables pour commencer SETI — on l'appelle souvent la fenêtre SETI —, il faut examiner dans quelles conditions un signal peut se propager le plus loin possible. Quand un radio-astronome, car c'est bien lui le spécialiste de SETI le premier engagé, cherche à enregistrer un signal faible, ses instruments sont perturbés par toutes sortes de fluctuations parasites : les parasites naturels (orages) ou humains (industries), les mouvements désordonnés des électrons dans les circuits des amplificateurs ultra-sensibles utilisés, les fluctuations statistiques des émissions radio d'origine astrophysique, etc. Toutes ces variations plus ou moins aléatoires constituent ce qu'on appelle le « bruit de fond » ; c'est de ce bruit qu'il faut arriver à extraire le signal.

Dans le cas d'un signal délibérément émis par une civilisation pour porter loin, donc qui pourra être reçu (par nous par exemple) à faible niveau d'intensité, il y a intérêt à ce que l'énergie émise soit contenue dans une bande de fréquence aussi étroite que possible. Les calculs montrent en effet que le signal sera alors plus intense pour une quantité d'énergie donnée, et que les fluctuations du bruit de fond gênantes seront limitées à celles contenues dans la bande étroite du signal.

Par conséquent, si on est à la recherche de signaux conçus délibérément pour transporter des informations au loin, on a intérêt à se concentrer sur la recherche de signaux à bande de fréquences très étroite. C'est en fait l'approche américaine, adoptée par la NASA pour son programme SETI. Mais d'autres méthodes sont concevables, en particulier la stratégie soviétique, plus attachée à la détection de fuites astro-technologiques non délibérées, à bande de fréquences non nécessairement étroite.

## La dispersion interstellaire

Cependant, la largeur de bande d'un signal délibéré ne peut pas être aussi étroite qu'on le voudrait. En effet, les ondes radio sont soumises, pendant leur trajet, à des interactions avec les électrons qui parsèment l'espace intersidéral. Bien que peu nombreux – on en compte une centaine par centimètre cube –, ces électrons finissent par agir sur de très longs trajets. Quand une onde radio rencontre un électron, elle le bouscule par l'intermédiaire de son champ électromagnétique, ce qui a pour effet de dévier légèrement l'onde et de lui ôter un peu d'énergie ; donc la fréquence de l'onde diminue légèrement. Au total, sur des parcours d'une dizaine d'années-lumière, des ondes de quelques gigahertz, qui au départ seraient toutes de la même fréquence, se trouvent à l'arrivée dispersées dans une bande de l'ordre du dixième de Hertz.

Cette dispersion d'origine interstellaire rend donc inutile l'émission à largeur de bande inférieure à 0,1 ou 0,05 Hz, ainsi que la réception avec des détecteurs ayant des canaux de largeur plus petite que ces limites. Le récepteur SETI pourvu des canaux les plus étroits est celui de Harvard, avec des largeurs de 0,05 Hz. Notons qu'il y a conflit entre la possibilité de transmettre loin et celle de transmettre beaucoup d'informations ; la première requiert des canaux étroits et la seconde des canaux larges. Ainsi va la physique !

Mais, sans tomber dans la pure spéculation, il est possible qu'une civilisation tente d'abord d'attirer notre attention par un signal à bande très étroite, dont la seule information serait de dire par sa simple présence « nous sommes là » ; puis, par une émission à bande large, mais moins intense, elle nous fournirait des informations détaillées. Pour les détecter, nous devrions alors employer des technologies plus sophistiquées. Leurs ondes, dans ce cas, seraient émises en une bande composite, consistant en un pic en fréquence étroit et fort, flanqué d'un large plateau d'intensité modeste.

*Cent milliards de canaux SETI*

On peut maintenant présenter le véritable et immense défi devant lequel SETI est placé : la fenêtre SETI (de 1 à 10 GHz) contient cent milliards de canaux (de 0,1 Hz) de communication possibles. Rappelons-nous qu'il y a trente ans, dans sa première écoute, Drake disposait d'un récepteur à un seul canal d'écoute et qu'actuellement, les meilleurs récepteurs courants des radio-astronomes n'ont que

mille canaux d'écoute simultanés. Mille comparé à cent milliards !
C'est une incapacité majeure d'un facteur cent millions.

Ces trente dernières années, une bonne demi-douzaine d'observatoires radio-astronomiques ont eu beau consacrer, chacun, des
semaines d'écoute en visant des centaines d'étoiles, ils n'ont pu que
tenter quelques coups de filets dans l'immense océan des signaux
interstellaires, à la recherche d'une bouteille minuscule contenant
éventuellement un tout petit bout de papier.


*Gloire aux pionniers !*


Rendons cependant hommage aux pionniers car, malgré la conscience qu'ils avaient du caractère désespéré de leur recherche, ils
ont peiné pour assembler des systèmes électroniques d'avant-garde,
pour mettre au point des algorithmes d'analyse, pour surmonter le
dédain d'un très grand nombre de leurs collègues, pour, au bout
du compte, constater que rien ne s'agitait dans leur filet et constater
que les autorités, narquoises, leur refusaient toute aide, non seulement financière, mais pire encore, morale. Heureusement, beaucoup de ces précurseurs avaient un moral d'acier ; l'exaltation ressentie pour cette entreprise extraordinaire les protégeait du
découragement et du ressentiment, souvent sources de comportements aberrants, même chez des scientifiques chevronnés.

Quels sont-ils ces observatoires, pionniers des écoutes de signaux
radio ? Il y a l'université de Harvard, couplée au Smithsonian
Institute et à la Planetary Society de Sagan, le National Radio
Astronomy à Green Bank, l'université de Berkeley, l'université de
l'Ohio, tous américains. J'ai un particulier plaisir à citer le cas
français, avec l'Observatoire de Paris-Meudon, où mon collègue
François Biraud, directeur de recherches au CNRS, dès les premières
années, a contribué scientifiquement et technologiquement à la
construction du grand radiotélescope de Nançay. En 1970 il a publié,
en collaboration avec J.-C. Ribes, aujourd'hui directeur de l'Observatoire de Lyon, un livre populaire sur SETI qui connut un immense
succès, *Le Dossier des civilisations extra-terrestres*. Depuis 1981, il
a conduit, avec le grand radiotélescope de Nançay, pendant huit
ans, une dizaine de jours annuels d'écoute sur 300 étoiles les plus
proches de type solaire, dont évidemment les deux premières écou-

tées par Frank Drake, tau Ceti et epsilon Eridani. Et cela en collaboration directe avec Jill Tarter, devenue maintenant directrice scientifique du programme SETI de la NASA, qui venait spécialement travailler avec lui pour ces écoutes expérimentales. Biraud a ainsi acquis un savoir-faire en la matière qui lui a permis d'élaborer des méthodes, des stratégies, de construire des prototypes, électroniques et informatiques, et surtout d'inculquer en France, sur le terrain, fer à souder en main et clavier sous les doigts, l'idée SETI, de la faire éclore et survivre pour des futurs exaltants. La tradition SETI française lui doit ses bases.

La voie est ouverte. Mais faut-il s'étonner que, malgré les cent mille heures d'une pêche à la ligne désespérée, aucun signal n'ait jamais été capté encore ? Faut-il alors abandonner SETI et l'espoir exaltant de jamais capter un message intelligent venu d'ailleurs ? Heureusement, une fois de plus, les aventuriers d'outre-Atlantique, encore à l'affût des défis posés par l'exploration de nouveaux mondes, ont relevé le gant en développant de nouvelles technologies.

# Chapitre 8

# La NASA relève le défi

Explorer des milliards de canaux d'ondes radio décimétriques représente un défi gigantesque. Pourtant, il y a dix ans, la NASA a décidé de le relever. Encore fallait-il une technologie révolutionnaire !

## *Dix millions de canaux*

Les récepteurs de radio ou de télévision, pour capter tel ou tel canal d'émission, utilisent des filtres qui ne laissent passer que la bande choisie et qui sont construits avec des circuits constitués de selfs et de capacités électriques. Depuis une dizaine d'années, les radio-astronomes utilisent des filtres fondés sur des circuits à auto-corrélation, l'idée de base étant encore due à Joseph Fourier : si une onde de fréquence bien déterminée est reçue par un récepteur et, après un artifice électronique la retardant de plusieurs périodes, est superposée à celle qui est reçue directement, l'onde reçue et l'onde retardée concordent. L'artifice électronique, accompli par ce qu'on nomme une ligne à retard, permet donc d'identifier, par la corrélation observée, une onde de fréquence donnée ; le système agit alors comme un filtre de fréquence. Cette technologie, aujourd'hui courante, peut fournir un millier de canaux simultanés. Au-delà, elle devient très lourde. Une autre technologie a permis de monter, dans certains observatoires, jusqu'à dix mille canaux, mais elle s'essouffle aussi si on dépasse ce niveau.

En fait, c'est l'avènement des gros ordinateurs qui a permis à la NASA d'aller jusqu'au bout de l'utilisation de l'outil mathématique des séries trigonométriques de Fourier. Introduisons dans un ordinateur les ondes radio reçues et faisons-leur subir, par le calcul, la transformation de Fourier, puis regardons le résultat : il nous donne l'intensité des ondes reçues pour toutes les fréquences que l'on désire : à telle fréquence, telle intensité. Si donc on « écoute » une région du ciel et si un signal en est émis sur une certaine fréquence, il apparaîtra comme un surplus d'intensité sur cette fréquence précise, produisant un « pic » sur un enregistreur. Si le signal est émis dans une bande de tant de Hertz de largeur, il produira un surplus plus large, une bosse, sur l'enregistrement, dans la bande en question. Cette technologie n'a pas de limites : l'opération mathématique de transformation de Fourier est infiniment puissante. Seule la capacité de calcul de l'ordinateur apporte des limitations. Voilà dans quelle direction la NASA s'est engagée.


*Le* MCSA


Les transformations de Fourier nécessitent des calculs gigantesques, simples dans leur principe mathématique, mais très spécifiques. Aussi la NASA a-t-elle été amenée à construire elle-même l'ordinateur nécessaire. Les ondes radio récoltées par le radiotélescope sont amplifiées et converties en courants électriques par le récepteur, puis elles sont introduites dans une première batterie de 112 filtres de Fourier de 74 kHz de large chacun. Les 112 courants obtenus sont ensuite introduits dans 112 batteries de 72 canaux de largeur 1 024 Hz. Au total, à la sortie, on dispose de 8 064 courants, qui sont alors transformés, chacun, toujours selon Fourier, en parallèle, par des microprocesseurs en 1 024 canaux de 1 Hz de large. À la suite de cette énorme opération en cascade, on obtient finalement 8 257 536 courants chiffrant l'intensité radio reçue par le radiotélescope par tranches fines de 1 Hz de large. Cet ensemble extraordinaire a été baptisé du sigle barbare de MCSA (Multi Channel Spectrum Analyzer).

*Architecture modulaire*

L'architecture choisie, à étapes successives, a été préférée à une architecture monolithique plus conventionnelle à 8 millions de canaux que pourrait donner un super microprocesseur à transformation de Fourier. Ainsi, il a été plus facile de réaliser un prototype plus modeste (avec quand même 74 000 canaux, un record alors) en utilisant un seul sous-ensemble de ces éléments. Cette architecture, hautement modulaire, avec un haut niveau de traitement parallèle de l'information, réduit le nombre de sous-ensembles différents, localise à une partie seulement de la bande de fréquences analysée la défaillance d'un élément. Enfin, il donne une grande souplesse par seul changement des minicodes régissant les diverses étapes successives de transformation. Et surtout le système est extensible... L'avenir s'ouvre devant lui !

*Le prototype*

Le prototype à 74 000 canaux tient dans un rack, une étagère verticale haute comme un réfrigérateur-congélateur ; flanqué de son ordinateur de contrôle et d'acquisition, qui ressemble à une machine à laver et à son séchoir, il constitue, dans le jargon de la NASA, l'équipement « électroménager » du parfait aspirant SETIman. Il a voyagé jusqu'à Arecibo pour « laver » les ondes reçues par le gigantesque bol. Après ce test, la NASA a entrepris la construction du MCSA final. Il a alors fallu passer au stade supérieur de la technologie électronique. Si, comme le prototype, il était réalisé à l'aide des cartes telles celles contenues dans nos anciennes télévisions, le MCSA final aurait rempli une vingtaine de racks. Fort heureusement, dans tous ces circuits, grâce à l'architecture modulaire, on n'en trouve que 13 différents ; le superprocesseur principal en contient 680 semblables. C'est donc un excellent candidat pour l'intégration à très grande échelle, la VLSI (Very Large Scale Integration), qui permet de remplacer tout un ensemble de composants occupant un décimètre carré par une mico-puce de dix millimètres carrés. Le groupe a développé une puce VLSI qui, reproduite 680 fois, réduit considérablement l'encombrement et le prix.


*Imaginer huit millions de canaux*


Quelle longueur aurait un saucisson qui permettrait de découper 8 257 536 tranches de 1 mm d'épaisseur ? Tout simplement 8 km, 257 m et 536 mm. Sur l'axe royal de Paris, il irait de la Cour Carrée du Louvre à l'arche de la Défense. Chaque Francilien pourrait en recevoir une tranche ; en faisant la queue, à raison d'un tous les 94 cm, ils s'étireraient de Paris à Marseille. En les servant à raison d'une tranche par 10 secondes, la distribution prendrait 2 ans, 7 mois, 12 jours, 4 heures et 6 minutes, alors que le MCSA doit « avaler » toutes ces tranches en une seconde seulement ! On saisit l'énormité de l'entreprise dans laquelle l'écoute des extra-terrestres s'est engagée.


*Le détecteur de signaux*


Si on voulait visualiser le résultat obtenu par les intensités reçues dans chacun des millions de canaux, on pourrait utiliser des enregistreurs du type utilisé pour les électrocardiogrammes ; un stylet porterait, tout le long d'une bande de papier, les valeurs enregistrées dans chaque canal, traçant ce qu'on nomme un spectre. Si un canal ou un petit groupe de canaux recevait plus d'ondes que leurs voisins, le trait présenterait à leurs positions un pic ou une bosse ; tout le reste du spectre apparaîtrait comme un trait tout agité, chaotique et capricieux, suivant plus ou moins le niveau zéro, traduisant l'aspect, essentiellement fluctuant et aléatoire, de petites intensités générées par toutes sortes de perturbations dans la transmission, la réception ou l'amplification, le bruit, dans le jargon des électroniciens. Même à raison d'un canal par dixième de millimètre, la bande de papier aurait près d'un kilomètre de long, et cela pour un seul spectre observé. Il serait donc impensable de l'examiner à l'œil.

C'est pourquoi la NASA a dû s'attaquer à la seconde partie de l'instrument, un reconnaisseur de signal, fondé, lui aussi, sur une technologie mathématique et électronique et utilisant un ordinateur spécialisé et sophistiqué. Ce détecteur de signal a été conçu et réalisé pour une tâche encore relativement modeste : reconnaître l'existence soit d'un signal continu, comme un sifflement, soit d'un signal pulsé régulièrement, comme un bip-bip. Même pour deux types de signaux aussi primitifs, l'entreprise est immense.

Pour s'en rendre compte, prenons le cas envisagé par la NASA. Pendant 1 000 secondes, on vise une étoile candidate ; toutes les secondes, on enregistre le spectre qui provient de sa direction ; on dispose donc de 1 000 spectres de 8 millions de canaux.

*Un écran cauchemardesque*

Imaginons que sur un écran de télévision, l'ordinateur représente le résultat d'un spectre sur une ligne horizontale comportant 8 millions de points successifs, chaque point étant rendu plus ou moins lumineux selon l'intensité radio reçue pendant cette seconde dans le canal correspondant. Même chose, sur des lignes successives, pour chacune des mille secondes de l'observation. On se trouve donc en présence d'un écran de mille lignes de 8 millions de points chacune, donc de 8 milliards de points (ou pixels), plus ou moins lumineux. En comparaison, un écran de télévision contient moins d'un million de points.

Si la luminosité est codée aussi, l'observation nous confronte à un écran contenant 100 milliards d'unités d'information (ou bits). C'est à partir de cette pléthore d'informations qu'il faut résoudre, tout de suite, la question de savoir s'il y a, oui ou non, un signal, et cela dans la demi-heure, avant l'observation suivante. Car il est absolument hors de question de stocker ces 100 milliards de bits sur une bande magnétique, ou un disque optique, pour les analyser par la suite ; cela ne ferait que reculer la solution.

De plus, si une observation sur une étoile révèle un signal, il faut en être avisé tout de suite, afin de pouvoir en commencer l'étude au plus tôt et ne pas risquer que ce signal ne s'arrête, pour une raison quelconque. Il faut bien réaliser aussi, qu'en raison du bruit, le gigantesque et cauchemardesque écran est parsemé, au hasard, d'une multitude de pixels plus ou moins lumineux, dont votre écran de télévision vous donne une minuscule version lorsque l'émetteur, cessant son activité, ne montre plus que la « neige » bien connue, due elle aussi à toutes sortes de fluctuations. La NASA étant à la recherche de signaux probablement peu intenses, vues les distances colossales à franchir, un sifflement ou un bip-bip y sera complètement noyé.

## *L'extraction des signaux*

Ainsi un bip-bip est constitué d'une suite de points régulièrement espacés sur l'écran ; pour des impulsions dont la période est de dix secondes, cent points seront perdus parmi les 8 milliards de pixels ; de plus, d'une fois à l'autre, ils se déplaceront latéralement de plusieurs canaux, par effet Doppler-Fizeau, à cause des variations de vitesses inhérentes à l'observation (le récepteur terrestre se déplace avec la Terre et l'émetteur extra-terrestre aussi). Le détecteur de signaux doit donc rechercher un nombre inconnu de points plutôt faibles, alignés le long d'une ligne inconnue, selon un intervalle inconnu. Il doit donc entreprendre des calculs, relativement simples dans leur formulation mathématique, mais effrayants par le nombre extraordinaire des combinaisons à tester, pour en définitive donner son verdict dans la demi-heure. Des algorithmes ont été développés pour repérer de tels alignements ; pour lutter contre l'excès de mémoires nécessaires aux calculs, des méthodes par élagage sont utilisées ; il faut avoir recours à plusieurs centaines de microprocesseurs, chacun traitant des portions de spectre de 100 kHz. Ici aussi, la VLSI s'impose ; les processeurs, très spécialisés, fondés sur des mémoires adressables par contenu, contiennent chacun 50 puces VLSI.

Grâce à ces importants développements technologiques, la barre de la dizaine de millions de canaux simultanés est atteinte. On commence déjà à regarder vers les cent millions et même le milliard de canaux. Dans les conclusions que Frank Drake a présentées à la fin du symposium de Val Cenis, en 1990, il a insisté sur le fait que, depuis sa première écoute, non seulement le nombre de canaux est passé de 1 à 10 millions, et bientôt 100 millions, mais qu'en plus, la sensibilité des récepteurs s'est accrue d'un facteur 1 000.

Ces progrès ont suivi un rythme exponentiel étonnant lors des dernières décennies et ouvrent un avenir immense. Les barrières vont être bousculées et il va bien falloir que SETI aboutisse.

Alors pourquoi ne pas attendre encore pour démarrer SETI à grande échelle ? Question oiseuse car, si Drake, il y a trente ans, avec son unique canal Ozma, n'avait pas été suivi par ceux qui ont emprunté la piste avec cent, puis mille, puis cent mille canaux, les progrès technologiques seraient restés vœux pieux et le MCSA, couplé à son détecteur de signaux, n'existerait pas. Dès 1992, il permettra de faire en une seule minute d'écoute ce qu'Ozma aurait mis cent mille ans à faire. Oui, c'est bien le rapport qui, tout compte fait, nous introduit valablement dans la fameuse « meule de foin cosmique », pour y chercher le bon signal, de la bonne étoile, dans le bon canal, au bon moment.

## Le programme d'écoute

Le bon signal, dans le bon canal, au bon moment, pour la bonne étoile. Tout est là ! La meule de foin cosmique à quatre dimensions est définie par ces quatre axes et son gigantisme nous rend bien modestes. « Le bon canal », parmi cent milliards ; « la bonne étoile », parmi des dizaines de milliards, rien que dans notre galaxie ; « le bon moment », car il faudra bien que nos appareils soient en action lorsque les ondes d'un éventuel signal balaieront justement la Terre. Or, cette disponibilité d'écoute ne durera que la minute, pour un programme global de plusieurs années. Enfin, « le bon signal » doit être présent, car, malgré ces énormes efforts, en l'état actuel de la technologie, seuls un sifflement ou un bip-bip seront recherchés, alors que des signaux bien plus évolués sont concevables et n'ont pu retenir encore que l'attention théorique de quelques chercheurs. Mais, courageux, factuels et rationnels, les radio-astronomes se sont attelés à la tâche, encouragés par les perspectives des nouvelles technologies qu'ils ont amorcées et par des financements réconfortants, aux USA du moins.

Quelles seront leurs chances avec le système à 8 millions de canaux inauguré symboliquement le jour du 500e anniversaire de la grande découverte de Christophe Colomb ? Je réponds, pragmatique, avec un calme olympien : dans la semaine qui suivra, on aura un signal, ou bien seulement dans un siècle... Mais si on en reçoit un, et cela devrait arriver, ce sera formidable. Ensuite, dans les années qui suivront, on en aura d'autres, beaucoup d'autres, provenant de dizaines de civilisations différentes, car une fois une piste ouverte, nous ne lâcherons pas la trace. Souvenez-vous des quasars, des pulsars, des mirages gravitationnels, des acides aminés dans les météorites. Dès la première découverte faite, beaucoup d'autres suivent.

*Le programme sur cibles*

Le programme d'écoute de la NASA comporte deux volets. Le premier consiste à viser mille étoiles-cibles. C'est le programme officiel, celui sur lequel les scientifiques se sont appuyés pour décrocher, à force de persuasion, les crédits nécessaires à sa réalisation. Pour convaincre les autorités, Maison Blanche, Sénat et Chambre des Représentants, par qui passe en définitive tout projet de financement d'importance respectable, les radio-astronomes ont tiré leurs arguments de la réalité, celle de la vie, de l'intelligence et de la civilisation sur Terre. Cas unique malheureusement, mais imparable. Souvenez-vous des trois hypothèses de travail raisonnables : la vie sur terre résulte de l'évolution naturelle du cosmos, ce qui est arrivé sur terre a pu arriver ailleurs, l'intelligence humaine n'est pas le summum de ce que l'univers a pu produire.

*Mille étoiles visées*

Se fondant sur notre exemple pour ouvrir la voie, on est donc amené à viser les étoiles les plus proches (pour avoir un signal plus fort) ressemblant le plus au Soleil (pour augmenter les chances d'y trouver une planète du genre Terre). D'où le programme sur cibles, destiné à observer 1 000 étoiles, jusqu'à cent années-lumière de distance.

Je dois insister sur la grande modestie de ce programme, pour deux raisons. Tout d'abord, ces sondages, jusqu'à cent années-lumière, portent sur une profondeur encore bien dérisoire puisque notre galaxie est un vaste ensemble circulaire de cent mille années-lumière de diamètre, contenant plus de cent milliards d'étoiles. On ne l'explore que sur un millième de sa taille et on ne touche que le cent millionième de sa population ! Ensuite, malgré la décennie prévue pour le programme sur cibles, le temps passé sur l'une quelconque des 1 000 étoiles à l'écouter dans un canal donné de 1 hertz n'est que de... une demi-minute ! Si, pendant la décennie d'écoute, une civilisation émet continûment, son signal sera capté, à condition qu'il soit assez intense, lors de cette demi-minute fatidique. Mais si l'étoile n'émet, même en continu, que le long d'un faisceau concentré, comme celui d'un radar puissant d'un degré d'ouverture par exemple, ne nous balayant que lorsque ce degré correspond à la direction de la Terre, la chance de tomber au bon moment chute d'un facteur 40 000 (le nombre de faisceaux d'un degré nécessaires pour couvrir toutes les directions). Donc, pour les 1 000 étoiles du programme décennal, la chance de tomber effectivement sur une bonne étoile, dans le bon canal au bon moment, sera de une sur 50. Le vaste programme de la NASA n'est encore qu'un début, fort heureusement soutenu par des perspectives de développements technologiques prometteuses.

*Un million d'étoiles accessibles*

J'ai dit que le signal sera capté s'il est assez intense. De ce côté, des efforts considérables ont été déployés ; en utilisant des récepteurs particulièrement sensibles et des radiotélescopes de grande surface pour augmenter la quantité d'ondes collectées, on estime que si d'autres civilisations ont des moyens comparables ou supérieurs aux nôtres, par exemple des radars planétaires comme celui d'Arecibo, ou des radars équivalant à ceux des militaires surveillant le Grand Nord, nous serions capables de les détecter jusqu'à des distances de mille années-lumière, donc dix fois plus loin que la limite du programme décennal, impliquant un volume d'espace accessible mille fois plus grand. Un million d'étoiles du type solaire seraient donc accessibles, en ce qui concerne la puissance d'émission, pour peu que nos systèmes deviennent plus rapides ; si on ne veut pas passer dix mille ans à écouter ce million d'étoiles, il faut accroître le nombre de canaux simultanés et tendre vers les dix milliards, ce qui apparemment pourrait être réalisé en quelques années, avec quelques dizaines de millions de dollars supplémentaires.

## Un programme anthropomorphique ?

Bien souvent, lors de mes conférences, on me reproche que le programme sur cibles soit beaucoup trop anthropomorphique, bien trop calqué, par une vue restreinte de l'intelligence dans le cosmos, sur le modeste cas humain. En fait, nous sommes partis de là pour justifier scientifiquement un programme, mais nous sommes très conscients que des intelligences ou des technologies avancées pourraient fort bien ne pas exiger une planète de type terrestre pour émerger, ni même la chimie du carbone. Mais dès que l'on s'avance sur ce terrain, on bute sur une absence rédhibitoire de connaissances de notre part pour pouvoir aller assez loin dans la justification d'un programme onéreux. Disons-le franchement, on tombe rapidement dans la spéculation gratuite ou la science-fiction. Jamais elles n'ont ouvert largement les vannes financières.

Cependant, Carl Sagan et Ed Salpeter, deux collègues de l'université Cornell, l'un au Laboratoire des études planétaires, l'autre au Laboratoire d'études nucléaires, se sont « amusés » à imaginer scientifiquement deux possibilités de créatures vivant dans l'atmosphère jovienne. Cette atmosphère, extrêmement chaude dans ses profondeurs et froide en altitude, possède un niveau où il fait un confortable 20° C et où une chimie organique pourrait évoluer. Ces deux scientifiques imaginent des montgolfières vivantes, dont la paroi organique s'est adaptée, par des mécanismes de séparation de gaz, à voguer à ce niveau idyllique. Citons Sagan dans son livre *Cosmos* : « Un flotteur pourrait se nourrir des molécules organiques existant dans son environnement. [...] Son efficacité augmenterait avec sa taille. Avec Salpeter, nous avons imaginé des flotteurs mesurant des kilomètres, des êtres vivants de la taille d'une ville. Les flotteurs pourraient se propulser dans l'atmosphère par jets, comme nos statoréacteurs. Nous pouvons les imaginer groupés en troupeaux paresseux s'étendant à perte de vue, la peau tachetée en guise de camouflage protecteur. Car il y a encore une autre façon de survivre dans un tel milieu : la chasse. Les chasseurs sont rapides, agiles.

Ils attaquent les flotteurs pour se nourrir de leurs protéines et de leur hydrogène. [...] La physique et la chimie autorisent de telles formes de vie. » De telles spéculations interdisent d'affirmer trop péremptoirement que la vie est impossible sur Jupiter, mais elles ne peuvent justifier un programme de vérification dispendieux. Personne ne risquerait un million de dollars sur cette perspective.

## Le programme par balayage

Par contre, si un instrument déjà financé par ailleurs, pouvait être adapté à peu de frais pour attaquer un sujet relativement spéculatif, mais prodigieusement intéressant, il est du devoir des scientifiques de tenter l'aventure. C'est le cas du programme par balayage de la NASA. Le MCSA étant construit, pourquoi ne pas en faire une copie ou une variante pour tenter, par balayage du ciel entier, de détecter une balise radio interstellaire de nature inconnue ? Ce nom générique correspondrait à une civilisation non forcément basée sur une planète, ni sur la vie macromoléculaire, mais capable de produire des émissions radio puissantes, intentionnelles ou non. Évoquons à nouveau le nuage noir de Fred Hoyle, cette autre spéculation de science-fiction, voguant dans les espaces interstellaires et manipulant des énergies considérables. Pour pouvoir balayer le ciel entier, en une décennie aussi, le programme utilisera des radiotélescopes de taille moyenne, dans la classe des 30 à 40 m de diamètre, afin de voir, à chaque instant, une portion assez large du ciel. De plus, sa sensibilité et la finesse de ses canaux seront moindres, là aussi pour gagner du temps. Il faut bien réaliser que vouloir viser toutes les régions du ciel est bien plus ambitieux que de pointer 1 000 étoiles ; il faut donc accepter des compromis sur la finesse du balayage, sur celle des canaux et sur la sensibilité de l'appareil.

## Le système SETI

Si le MCSA et le détecteur de signaux sont les deux pièces maîtresses d'un système SETI, il faut leur ajouter d'autres éléments importants. D'abord un radiotélescope pour récolter les ondes ; celui-ci, en général constitué d'un grand bol en grillage métallique, concentre les ondes qui tombent sur lui en un point, nommé foyer, tout comme le fait pour les ondes lumineuses un miroir concave ; pour des ondes radio décimétriques, un grillage est aussi performant que le poli brillant d'un miroir optique ; il suffit que la taille des mailles et les irrégularités de surface soient de tailles inférieures au dixième de la longueur d'onde. Ainsi, avec un miroir de toilette, on peut concentrer les ondes reçues du Soleil en un point, à son foyer, sous forme d'une petite tache lumineuse si intense qu'elle peut enflammer un morceau de papier. Le bol d'un radiotélescope joue le même rôle pour les ondes radio, les concentrant en un foyer où il faudra placer le système chargé de récolter les ondes concentrées. Ce système focal peut en principe être aussi simple qu'un dipôle du type antenne de télévision. Mais, pour être plus performant, d'autres dispositifs ont été développés. Ainsi, pour le radiotélescope d'Arecibo, le système focal est un long « crayon » tout le long duquel sont implantés des dipôles selon des espacements bien déterminés. À Nançay, les ondes s'engouffrent dans un « cornet » en tôle, d'ouverture rectangulaire ; au fond, une paroi de forme parabolique réfléchit et concentre les ondes vers un guide d'onde, véritable tuyau, de section bien calculée aussi, qui les amène sur un circuit électrique. En atteignant ce circuit, les ondes induisent de très faibles courants aussitôt amplifiés par un récepteur sensible. Ce n'est qu'ensuite que ces courants amplifiés sont introduits dans le MCSA pour être analysés selon leurs fréquences par transformations de Fourier et qu'enfin les résultats de tous les calculs correspondants sont repris par le détecteur de signal pour dire si un sifflement ou un bip-bip est présent.

Mais le travail n'est pas terminé : la réponse du détecteur n'est pas forcément un oui ou un non net. Si on recherche des signaux extrêmement faibles, le bruit de fond dû aux fluctuations peut imiter un signal artificiel par hasard ; il faut donc mesurer constamment ce bruit de fond pour savoir jusqu'où il ne faut pas aller pour être trop parasité par ces signaux aléatoires, mais assez bas quand même pour mener une recherche efficace.

On s'attend à recevoir des parasites ; une banque de parasites déjà plus ou moins identifiés sera donc confrontée au résultat du détecteur. Certains émetteurs humains, radars, avions, satellites, produisent également des signaux artificiels ; pour les distinguer, il faut tester les particularités de leur position et de leur fréquence d'émission. Ainsi une civilisation extra-terrestre doit avoir une position fixe parmi les étoiles, tandis qu'un satellite se déplace. Dès qu'un signal artificiel est détecté, il faut donc vérifier qu'il provient bien de l'étoile visée et qu'il n'entre pas dans le radiotélescope par le côté ; pour cela, il faut dépointer légèrement l'axe du radiotélescope ; si le signal disparaît, il provient de l'étoile. Les fréquences aussi servent à distinguer la source du signal ; ainsi un avion, s'approchant ou s'éloignant du radiotélescope, provoque, par effet Doppler-Fizeau, des variations de fréquence caractéristiques.

Des systèmes encore plus complexes sont en développement pour tenter de parer à l'augmentation future des niveaux de parasites dus à notre civilisation, par exemple en couplant le radiotélescope à un autre dans le voisinage ; pour les deux, les effets Doppler-Fizeau seront très légèrement différents et, en analysant cette petite différence, on pourra rejeter les signaux d'origine humaine.

Un système SETI est en définitive extrêmement complexe et requiert un ordinateur de gestion chargé de pointer les zones de ciel du programme, de choisir les fréquences, de mener les tests de vérification et enfin de prévenir l'astronome de service en cas d'alerte valable. Dans ce cas, le programme sera modifié pour concentrer immédiatement les efforts sur le candidat éventuel et alerter les autres radiotélescopes capables de mener des observations SETI. Il n'est pas question de perdre du temps, car un vrai signal peut s'arrêter d'un moment à l'autre ; il faut aussitôt entreprendre tous les tests en notre pouvoir pour s'assurer de sa réalité, avant toute annonce malencontreuse, et aussi pouvoir le suivre continûment, malgré la rotation de la Terre, par un ensemble de radiotélescopes spécialisés répartis sur divers continents. C'est en vue de ces éventualités que le Comité SETI de l'Académie internationale d'astronautique a mis sur pied un Protocole d'annonce et que j'ai proposé la création d'un Réseau global SETI.

# Chapitre 9

# Fausses alertes

*Epsilon Eridani*

La première fausse alerte pour SETI a été vécue par Drake lors de sa tentative Ozma. Laissons-le parler : « Un signal pulsé, net, puissant surgit du radiotélescope dès que nous l'avons pointé vers epsilon Eridani. [...] Wham ! Soudain l'enregistreur à stylet buta à fond de course. Du haut-parleur sortaient des coups huit fois par seconde et le stylet cognait aussi huit fois par seconde. Nous n'avions jamais rien vu de semblable au cours de toutes nos observations à Green Bank. Nous nous regardions tous, les yeux grands ouverts. Cela pouvait-il être si facile ? [...] D'un coup je réalisai que nos plans avaient un défaut : nous pensions que la détection d'un signal était si improbable, que nous n'avions jamais prévu ce qu'il faudrait faire si on en recevait réellement un clair. Presque ensemble, tous les présents dans la pièce demandèrent : " Que faire ? Changer de fréquence ? Pointer à côté ? " [...] On dépointa, et bien sûr le signal disparut. Alors on repointa l'étoile. Le signal ne revint pas. Wow ! [...] Et il y avait toute cette adrénaline qui se déversait et aucun moyen d'utiliser toute cette excitation et toute cette énergie de façon utile. [...] Jour après jour, on pointa epsilon Eridani. [...] Une semaine passa et le signal ne revint pas. Pour notre chagrin, un de nos employés appela un ami dans l'Ohio et lui en parla. Le mot passa à un ami reporter et soudain nous fûmes submergés de questions à propos du mystérieux message. " Avions-nous vraiment détecté une autre civilisation ? – Non. – Mais vous avez reçu un signal intense avec votre équipement ? – Nous ne pouvons commenter. " Et voilà, haha, nous cachions quelque chose. De ce jour, beaucoup crurent faussement que nous avions reçu des signaux d'un autre monde et que quelque diabolique agence gouvernementale nous avait demandé de garder cela comme un profond et noir secret. » Cette mémorable alerte survint le 8 avril 1960. Dix jours après, le signal revint et Drake finit par trouver la solution de l'avion stratosphérique espion U2.

### *Little Green Men 1*

Huit ans après, nouvelle alerte, chez les Anglais, mais indépendamment de SETI : la découverte inattendue des pulsars par leurs bip-bip. Prudents, ils voulurent, eux aussi, bien analyser le cas avant d'annoncer quoi que ce soit ; entre eux, ils appelèrent la source radio « Little Green Men 1 » ; puis ils découvrirent LGM2, puis LGM3. C'en était trop ! Cela ne pouvait pas être artificiel. En définitive, ils découvraient la vraie nature des sources, les étoiles à neutrons en rotation rapide, qui devinrent les fameux pulsars. De tels exemples montrent avec quelle prudence il faut avancer ; les scientifiques doivent avoir la possibilité d'analyser la situation en toute tranquillité. C'est pour consolider cette constatation que j'ai fait une étude historico-scientifique d'une des plus malencontreuses alertes, celle de l'affaire CTA 102.

### *L'affaire CTA 102*

En 1963, peu après les travaux fondamentaux de Drake, Morrison et Cocconi, Kardashev, à l'Institut Shternberg de Moscou, publie dans le *Astronomicheskii Zhurnal* un article fondamental sur « La communication d'information par des civilisations d'autres mondes ». Recherchant sous quelles conditions le transfert d'information est maximal, il défend un point de vue différent de celui de la filière suivie par la NASA, où sont mises en avant les meilleures conditions pour détecter des signaux de simple appel. En plus de ses notions de civilisations de types I, II et III, Kardashev présente les caractéristiques des émissions à transfert d'information maximal : spectre très large, avec maximum dans les ondes décimétriques, variabilité sur des échelles de temps très courtes, traduisant son caractère artificiel, et d'autres propriétés. Dans les catalogues de sources radio alors connues, il repère deux candidats prometteurs : CTA 21 et CTA 102 (les numéros 21 et 102 du premier catalogue *A* du *C*alifornia Institute of *T*echnology). C'est le début de l'affaire.

Le contexte scientifique de l'époque commence à s'orienter vers un domaine nouveau et inconnu : en 1960, la source radio 3C 48 (la 48$^r$ du 3$^r$ catalogue de Cambridge) est identifiée comme étant un « objet quasi stellaire », une étoile en principe. En mars 1963, aux États-Unis, la première mesure de la vitesse de récession d'un objet quasi stellaire, 3C 273, révèle la fantastique valeur de 50 000 km/s, plaçant l'astre loin dans l'espace extragalactique ; c'est le premier « quasar » découvert, cent fois plus intense, intrinsèquement, qu'une galaxie, et non plus une simple petite étoile. Pendant ce temps, plus ou moins informés, les Soviétiques, poussés par les arguments de Kardashev, observent les deux sources CTA avec le radiotélescope de Pulkovo et confirment la forme très large du spectre !

D'un autre côté, Sholomitskii, patron de Kardashev à l'Institut Shternberg, observe assidûment les sources d'août 1964 à février 1965 et constate une variation d'intensité de 30 % pour CTA 102, oscillant de façon bien régulière avec une période de cent jours, un comportement en accord avec les vues de Kardashev. Enfin, il estime que l'astre se trouve dans notre galaxie, donc est relativement proche. Suite à ces indices, Sholomitskii fait diffuser le 12 avril 1965 par l'agence Tass un communiqué de presse annonçant que les astronomes soviétiques ont observé des signaux pouvant provenir d'intelligence extra-terrestre, et il donne une conférence de presse le 14 à Moscou sur le cas de CTA 102.

Entre temps, en novembre 1964, deux Américains identifient la source radio CTA 102 comme étant un objet quasi-stellaire, tandis que, le 8 avril 1965, l'astronome d'origine hollandaise Marteen Schmidt, du Mont Palomar, révèle la valeur énorme de la vitesse de récession de cet objet, l'élevant donc au rang de quasar très lointain. Il est consternant de constater, qu'à six jours d'intervalle seulement, un Russe annonce l'artificialité de l'émission d'un astre, tandis qu'un Américain l'identifie à un quasar. Il faut dire qu'à cette époque les relations entre les deux milieux n'étaient pas faciles, bien qu'il n'y ait eu aucune restriction de la part des scientifiques. Les visas étaient difficiles à obtenir, le téléphone peu accessible et le fax n'existait pas.

Jusqu'en novembre 1965, Sholomitskii poursuit la surveillance de CTA 102, continuant à observer la même remarquable variation, alors que d'autres radio-astronomes dans le monde n'observaient rien de semblable ; comme le remarque l'un d'eux, en conclusion d'un rapport de 1967 : « Aucun des autres n'a utilisé précisément la même fréquence ni la même polarisation », une restriction mentale prudente d'un scientifique prudent, laissant la porte ouverte. Mais, vingt ans après, CTA 102 est un bon quasar typique parmi les 6 225 quasars catalogués fin 1991.

Suite à cette étude, entreprise à partir des publications originales, j'ai recommandé que le Comité SETI de l'IAA soutienne fortement une résolution stipulant qu'« avant que toute action publique ne soit entreprise dans une affaire SETI, elle soit évaluée confidentiellement par un comité interdisciplinaire international de scientifiques sous la responsabilité de plusieurs de nos unions scientifiques internationales ».


*Ma fausse alerte*


« Le 18 mars, tôt. Par un matin triste, froid, venteux, humide, l'aube pointait avec peine sur le sinistre faubourg bavarois. Nous attendions tous devant le Tourotel, venant du monde entier, comme un troupeau d'humains choisis par le hasard. Certains avaient une épaisse pelisse confortable, d'autres étaient en veston, ou juste en chemise à manches courtes, grelottant sur le trottoir :

Oui, je suis arrivé ici plus vite que ma valise !

Je parvins à me faufiler près de Geoffrey :

– Salut ! As-tu reçu ma lettre, il y a une semaine ?

– Non, j'étais déjà parti...

Vroom, voilà le bus, projetant de l'eau boueuse et crachant une sale fumée. Au moins on aura chaud, et on sera à l'heure pour apprendre la dernière sur le fond cosmique. Mollement ballotté par la douceur de la route, Geoffrey continue :

– Ta lettre était sur quoi, Jean ?

M'approchant plus, je murmurai confidentiellement à son oreille :

— Eh bien, j'ai détecté une émission radio anormale venant de la direction d'une étoile de type solaire...

Je n'eus pas le temps d'en dire plus ; instantanément Geoffrey tourna la tête vers moi, son regard perçant sondant profondément le mien et, dans une explosion de joie pleine d'espoir, il lâcha :

— TU AS EU LE CONTACT ? »

N'est-ce pas là un instant extraordinaire ? Je l'ai vécu en mars 1986 avec Geoffrey Burbidge, un des astrophysiciens les plus clair-voyants et les plus avant-gardistes, pionnier des quasars avec sa femme Margaret, supporter avec Fred Hoyle de la théorie de la création continue, rivale du *Big Bang*, et défenseur de Halton Chip Arp, le grand chasseur de décalages spectraux anormaux, interdit de Mont Palomar par les autorités. Nous allions, en banlieue nord de Munich, à un symposium de « Cosmologie, astronomie et physique fondamentale ». Quand les choses ont commencé, je n'étais pas particulièrement préoccupé par SETI ; pendant dix ans, j'avais travaillé avec le tout nouveau grand radiotélescope de Nançay sur les galaxies, au sein d'un petit groupe que j'avais rassemblé autour de leur étude avec la raie de 21 cm. Puis, lors d'un congrès sur les supernovae, dans une petite ville du sud de l'Italie, j'avais rencontré une astronome de l'Observatoire de Brera, près de Milan, Caterina Casini, avec laquelle je devais m'associer pour des années ; tous les deux, nous avons découvert les « galaxies à grumeaux » et, combinant nos connaissances, elle en optique et moi en radio, nous avons entrepris leur étude avec les instruments les plus performants et les plus récents du monde ; des plus grands, sur les flancs du Caucase avec le télescope géant soviétique de 6 m, aux plus petits, en Asie centrale. À Alma-Ata, au Kazakhstan, l'un de ces petits télescopes était le seul capable d'obtenir des spectres de nos galaxies, grâce à son génial constructeur, Eddik Denisjuk, qui, d'un coup d'œil, avec un vieux microscope, sortait intensités et vitesses comme le font maintenant de gros ordinateurs.

C'est au cours de ces pérégrinations qu'en 1980, avec le grand radiotélescope interférométrique de Westerbork, dans le nord de la Hollande, Caterina et moi avons obtenu une carte radio d'une de ces galaxies à grumeaux. Et dans un coin, une magnifique petite source radio tombait juste sur une faible image stellaire, rougeâtre. Étoile, ou quasar ? Curieux. Mais pendant un an, je ne m'en souciai guère.

Cependant, si l'objet était un quasar, il aurait été l'un des plus brillants connus, et rouge au lieu de bleu en plus. Aussi en 1982, lorsque j'observai au Japon, à Okayama, avec mon collègue Sin'Ichi Tamura, je lui demandai d'en prendre un spectre, juste pour voir. Stupeur : c'était un spectre d'étoile du type solaire !

Je devins très excité. Si c'était une telle étoile, elle se trouvait à des centaines d'années-lumière. Son émission radio était donc intrinsèquement très puissante, ce qui était tout à fait étonnant pour une étoile. Alors émission artificielle ? Il me fallait vérifier tout de suite !

Heureusement, l'année précédente, j'avais observé la même galaxie avec le Very Large Array, superversion américaine de l'instrument hollandais, situé dans le Nouveau Mexique. La carte que mon collègue Dave Heeschen, le père du VLA, avait obtenue n'allait pas jusqu'à l'objet. Aussi, en 1983, je lui demandai si, en reprenant les bandes magnétiques, il pouvait l'étendre. Bien sûr, une fois de plus, l'objet était là ! Son émission avait duré au moins un an.

Victoire ? Non, pas encore. Un tout petit détail allait assombrir le paysage, un petit détail technique. Comme l'objet était très en bordure du champ d'observation pour le VLA, son image radio subissait l'équivalent de la distorsion chromatique en optique ; cela impliquait que l'émission se faisait dans une bande de fréquences large.

Peut-être n'était-ce, après tout, qu'une de ces rares étoiles actives en radio. Mais, en consultant les archives photographiques du téles-cope japonais à grand champ, à Kiso, j'avais pu évaluer sa distance par sa couleur. Son émission radio aurait alors dû être un million de fois plus forte, intrinsèquement, que celle du Soleil, valeur énorme ! Fouillant alors les publications scientifiques, j'appris que, de temps en temps, quelques rares étoiles peuvent avoir des sursauts radio atteignant cent fois le niveau normal, pendant moins d'une heure. J'étais fort loin du compte pour le facteur d'un million ! J'étais bloqué ; il me fallait davantage d'observations. En fait n'était-ce pas un simple et malencontreux effet de perspective ? Une étoile solaire se trouvant, par hasard, devant une très lointaine source radio... Il n'empêche que le problème me préoccupait ; pour moi seul, j'imaginais qu'une civilisation de cette étoile avait utilisé ses astéroïdes pour construire un vaste réflecteur radio, de cent millions de kilomètres de diamètre, pour focaliser le rayonnement radio, normal, de son étoile et ainsi balayer l'espace pour attirer l'atten-tion... Un problème éthique lancinant m'accaparait : et si cette idée folle, mais physiquement possible, correspondait à la vérité ? Je ne pouvais plus garder pour moi cette affaire. Et si, par mon insouciance, l'humanité perdait l'occasion d'un contact ? Je me décidai à obtenir plus d'éléments.

Quelques observations, courtes mais bien ciblées, faites par des collègues bien placés, dans un de leurs temps morts, suffiraient. Mais comment les alerter ? Par une note dans une revue scientifique ? Pas question, je n'avais pas assez de bases sérieuses. Par un article populaire ? Ce serait long et risquerait la distorsion. Par contact personnel ? Ce fut mon choix. En février 1986, j'écrivis une lettre confidentielle à 22 chercheurs de haut niveau que je savais favorables à SETI. Douze réponses m'apportèrent quelques éléments, mais pas décisifs.

Et miracle, en juillet, à Toulouse, visitant la splendide église romane de Saint-Sernin, je tombe sur Bernard Burke, le grand spécialiste des « quick look » au VLA pour tout ce qui, au premier abord, semble exotique, comme les mirages gravitationnels. Il me faut une mesure très précise de position, lui dis-je. « Contacte Cam Wade, il est sur place. » Et en août, j'avais la pièce manquante : la source radio est décalée par rapport à l'étoile d'un tout petit angle, comme celui de l'épaisseur d'un cheveu vu à quatre mètres.

Finie mon alerte de six ans ; il ne s'agissait que d'un simple effet de perspective. Avec le protocole d'annonce que met en place le Comité SETI, le problème aurait pu être réglé beaucoup plus vite, probablement en moins d'un an.

Suis-je triste de n'avoir pas découvert un message extra-terrestre ? J'aurais été le premier, je serais devenu plus célèbre que Christophe Colomb. J'aurais été de réceptions en discours, d'inaugurations en expositions, de cocktails en décorations. On m'aurait posé des questions peut-être profondes, ou bien assassiné ! J'aurais surtout été heureux d'avoir réussi un tel coup, d'avoir ouvert une frontière unique, l'« ultime dernière » me plaît-il à dire par boutade. Notre troisième millénaire, dans les comptes à base décimale occidentaux, bien relatifs, aurait pu s'éveiller à des espoirs nouveaux. Tous frères solidaires, enfin, face à d'autres peut-être plus évolués, plus sages... En tout cas, à mon niveau, j'ai vécu une bien belle histoire de fausse alerte.

*Chapitre 10*

# L'expansion de SETI

Si la NASA est l'organisation à la tête de l'entreprise SETI par l'importance de son système et le volume de son financement, elle n'est pas seule à s'être lancée à la conquête des extra-terrestres. Outre l'impulsion des précurseurs, je citerai en premier un effort inusité entrepris par la volonté éclairée et tenace d'un universitaire, alliée à des moyens financiers provenant d'une contribution libre des citoyens. L'universitaire est Paul Horowitz, professeur de physique à l'université de Harvard, située à Cambridge, à la périphérie de Boston, dont le campus apparaît au visiteur européen comme une tête de pont du vieux monde occidental établie sur la rive du vaste et jeune continent américain.

**Les fréquences « magiques »**

*Carl Sagan et Joseph Shklovsky*

La contribution des citoyens a été catalysée et canalisée par la Planetary Society, fondée par Carl Sagan. En plus des cours qu'il donne et des travaux qu'il mène dans son Laboratoire d'études planétaires de l'université Cornell, il a joué un rôle fondamental dans la promotion de la recherche de vie extra-terrestre. Dans le domaine purement scientifique, par exemple, il a fourni des contributions majeures pour les sondes martiennes Viking ; il a aussi développé des simulations de chimie organique pour tenter de reconstituer les produits sombres et complexes suspectés d'exister sur certains astres. De ses tubes sont sortis ce qu'il nomme de façon générique des tholines.

Mais c'est surtout auprès du grand public, des administrations, et en définitive des décideurs, aussi bien à la Maison Blanche qu'au Sénat et à la Chambre des Représentants, que son rôle d'information a été fondamental pour la bioastronomie. *Cosmos*, sa série télévisée, est devenue très populaire, non seulement parce que le sujet de la vie ailleurs passionne les humains, mais aussi en vertu des points de vue insolites qu'il prend souvent. Le volume qui en a été tiré, parsemé d'illustrations tout aussi frappantes, a connu un vif succès aux États-Unis et en France. Le public est avide de savoir, d'apprendre et de rêver. Un scientifique comme Carl Sagan l'informe, le stimule et le ravit. Sagan a aussi écrit un roman, *Contact*, où il fait vivre, presque en réel, la grande aventure du premier signal détecté : on y reconnaît de loin certaines des hautes figures du milieu SETI. Il a su aussi s'associer à son collègue soviétique Joseph Shklovsky en adaptant son livre, *Univers, vie, raison*, qui retrace de façon simple et vivante les développements de SETI.

Shklovsky, théoricien soviétique de première grandeur, s'était rendu célèbre bien avant les sondes spatiales, par une idée apparemment folle : selon lui, les deux petits satellites de Mars devaient être creux, donc artificiels. Ils seraient creux puisque leur densité devait être faible pour expliquer un fait étrange : les satellites de Mars se rapprochent inexorablement de sa surface, où ils devraient s'écraser dans une dizaine de millions d'années. Shklovsky se servait donc du freinage atmosphérique, bien connu alors pour nos propres satellites, pour proposer une solution.

Peut-être Sagan avait-il en tête cette idée lorsqu'un soir, alors que tout le monde s'était retiré après avoir examiné les premières photos martiennes envoyées par des sondes, il s'est acharné sur les bandes contenant les premiers enregistrements, bruts et décevants, d'un satellite de Mars ; rien de clair n'en sortait, mais à force de programmation sur l'ordinateur, de traitement d'image en traitement d'image, à l'aube, il obtint la première vue valable d'une autre lune. Elle ne ressemblait pas à une vaste station orbitale artificielle creuse, mais bien à une pomme de terre grêlée de boutons. Cette image, tout le monde la connaît aujourd'hui, et en 1992, le premier astéroïde jamais photographié, Gaspra, est venu donner un autre exemple de ce genre de paysage.

La Société planétaire, fondée en 1980, rassemble 100 000 membres. Les cotisations contribuent au financement de projets d'exploration du cosmos insuffisamment soutenus, ou délaissés, par les instances gouvernementales ; parmi ces projets, valables scientifiquement, citons le soutien à l'étude des ballons martiens entreprise par le CNES et l'initiative SETI de Paul Horowitz. Ce dernier a été jusqu'au bout de la logique de la filière américaine : utiliser les canaux d'écoute les plus étroits possibles. Ce minimum de largeur, déterminé par la diffusion causée par les électrons de l'espace interstellaire, se situe vers le dixième ou le vingtième de hertz. En comparaison, la NASA ne descend pas en dessous du hertz, ce qui lui permet, avec dix millions de canaux, de couvrir d'un bloc une bande de dix mégahertz, qu'elle doit alors déplacer en 1 000 positions différentes pour parcourir toute la fenêtre radio SETI. C'est ce qui explique la longueur du programme : dix ans.

Bien qu'ayant aussi atteint la dizaine de millions de canaux, l'instrument de Harvard ne couvre qu'un demi-mégaHertz, et il lui faudrait deux siècles pour explorer la fenêtre SETI entière. On mesure, là encore, l'énormité du travail d'exploration à accomplir et on comprend qu'il soit nécessaire de faire des compromis, dans l'état actuel de notre technologie. Comme il n'est pas question d'explorer toute la fenêtre avec ce système, on joue sur le concept de fréquence « magique ».

*La raie de 21 cm*

Dans la fenêtre de 1 à 10 GHz, se trouve la fréquence de la radiation émise naturellement par l'atome d'hydrogène neutre, le plus abondant des atomes de l'univers : 1,420405751786 MHz, soit 21,106 cm de longueur d'onde, la fameuse raie dite de 21 cm. Cette raie est due à l'interaction du spin (moment angulaire de rotation, au sens de la physique quantique) de l'électron unique en circulation autour du noyau de l'atome, formé d'un unique proton, avec le spin de ce proton. Cette interaction fait penser à celle de deux petits barreaux aimantés parallèles : lorsque les deux barreaux sont antiparallèles, c'est-à-dire ont leurs lignes Nord-Sud opposées, ils s'attirent, tandis que s'ils sont parallèles, avec leur Nord du même côté, ils se repoussent.

Les états d'énergie sont donc différents selon que les spins de l'électron et du proton de l'atome d'hydrogène sont parallèles ou antiparallèles. La physique quantique permet de calculer cette différence d'énergie, qui est très faible. Normalement, les atomes d'hydrogène se mettent dans l'état le plus stable, correspondant à l'énergie la plus faible ; mais s'ils sont perturbés, ils peuvent passer dans l'état excité à énergie plus élevée et y rester... dix millions d'années (lorsqu'ils sont tranquilles dans le vide interstellaire) avant de retourner, spontanément, vers l'état le plus bas.

Quand un atome accomplit cette transition, il émet un photon de longueur d'onde 21 cm, qui correspond à la différence d'énergie entre les deux états. Là est l'origine des ondes de 21 cm ; elles proviennent des atomes d'hydrogène neutre qui parsèment en abondance l'espace interstellaire, où ils ont tout le temps de tranquillité nécessaire pour émettre leur raie de façon spontanée. Voilà pourquoi cette radiation de 21 cm est le phénomène naturel physique le plus répandu dans le cosmos. La valeur de sa fréquence est magique, en ce sens qu'elle est universelle. D'où l'idée que, dans la vaste fenêtre radio de SETI, elle pourrait servir de repère commun aux communications interstellaires. C'est le fondement de la stratégie adoptée à Harvard : explorer en détail la zone de fréquences située autour de 1,420 GHz. Bien sûr, négliger les signaux qui ne sont pas centrés sur la raie de 21 cm est risqué. Mais le pari offre d'autres avantages : l'extrême particularité présentée par un signal aussi étroit que possible lui confère une meilleure probabilité d'être artificiel ; de plus, sa plus grande aptitude à ressortir du bruit suscité par les fluctuations lui permet d'être détecté de plus loin, à des niveaux d'émission plus modestes.

## L'effet Doppler-Fizeau

Enfin, cette méthode offre un moyen efficace de lutter contre toutes sortes de parasites. Pour bien saisir le biais par lequel cette lutte, qui sera de plus en plus primordiale, entre en action, il faut revenir un peu sur l'effet Doppler-Fizeau. Quand vous entendez une sirène d'ambulance au loin en ville, vous remarquez que son ton peut changer ; parfois, il devient plus aigu, ou plus grave, brusquement ou progressivement ; cela peut vous renseigner sur le comportement de la voiture, même sans la voir. Si le ton baisse subitement, il se peut que l'ambulance, qui dans une rue lointaine s'approchait de vous, ait dû s'arrêter à un feu ; ou bien, suivant une rue transversale, elle a tourné à un croisement pour s'éloigner. Si le ton baisse, puis remonte, en un long glissando, elle fait un demi-tour sur une place ; comme le sens giratoire va vers la gauche, c'est qu'elle se déplaçait de votre droite vers votre gauche. Ces informations indirectes viennent du fait que, lorsqu'une source sonore s'approche de vous, les ondes sont plus tassées, donc plus fréquentes à arriver aux oreilles, créant un son plus aigu. Par contre, lorsqu'elle s'éloigne, le son devient plus grave.

Pour les ondes électromagnétiques, le phénomène, découvert par Doppler et Fizeau, est le même : sa formule est donnée en disant que la variation relative de la fréquence est donnée par le rapport de la vitesse de la source à la vitesse de la lumière. Ainsi, la fréquence de 1 GHz qu'émettrait une planète s'approchant de nous à 300 km/s, deviendra, à la réception, 1,001 GHz, ou 0,999 GHz si elle s'éloignait. Pour l'émetteur d'un avion s'approchant à 300 m/s, sa fréquence deviendra 1,000 001 GHz ; elle aura glissé de 1 kHz ; et pour un camion roulant à 30 m/s le glissement sera de 100 Hz ; c'est très peu.

*La lutte contre les parasites*

Dans le système de Harvard, cela correspond à un glissement sur 2 000 canaux de 0,05 Hz, ce qui est énorme. Voyons maintenant ce qui se passe si la vitesse du camion change, par exemple de 1 %, pendant une observation typique de 20 secondes. Le glissement occupera une plage de 20 canaux autour du 2 000ᵉ canal à partir de celui où se trouverait la fréquence exacte de 1 GHz considérée. C'est sur cette petite différence que joue le système pour réduire les parasites, car, dans ces circonstances, le signal parasite du camion sera étalé sur 20 canaux, donc réduit en intensité 20 fois dans chaque canal où il peut intervenir.

Si le parasite vient d'un radar, fixe au sol, il n'y aura pas de glissement. Comment alors le distinguer d'un signal extra-terrestre ? C'est ici qu'Horowitz a tiré parti de l'effet Doppler-Fizeau, si grand pour ses canaux si étroits. Le radiotélescope navigue dans l'espace : à cause de la rotation terrestre, il se déplace jusqu'à 300 m/s ; sans compter que la révolution de la Terre autour du Soleil l'entraîne à 30 km/s et que le Soleil l'emporte à 300 km/s autour du centre de la galaxie... En vertu de ces mouvements, un signal extra-terrestre glisserait, au cours d'une observation typique, de façon complexe mais calculable, le long de centaines de canaux. Il suffit donc, par le calcul, de compenser à l'avance ce glissement, de façon à ce que le signal tombe dans un seul et unique canal, où il se renforcera. Par contrecoup, le parasite d'un radar sera étalé parmi de nombreux canaux, et donc fortement réduit.

## *Quel système de référence ?*

Avec 8 millions de canaux de 0,05 Hz, le système ne couvre que 400 kHz au total, soit, d'après la loi de Doppler-Fizeau, un intervalle de vitesse de quelques dizaines de km/s seulement. C'est suffisant pour ne pas s'inquiéter des vitesses planétaires, la nôtre ou celle des autres, mais insuffisant face aux vitesses stellaires, qui peuvent atteindre des centaines de km/s. Aussi, dans cette stratégie, est-on contraint d'ajouter une autre supposition : non seulement il faut que, dans les communications, il y ait accord tacite sur la fréquence magique, mais, aussi, il faut qu'il y ait entente sur le système de référence. L'émetteur et le récepteur, doués de mouvements d'origine astronomique variée, doivent se référer à un même système de base.

Les mouvements dans notre galaxie étant ce qu'ils sont, trois systèmes de référence « magiques » apparaissent : le premier est fixe par rapport à l'ensemble des étoiles de notre banlieue galactique, le deuxième fixe par rapport au centre galactique, et le dernier fixe par rapport au rayonnement cosmologique à 2,7 K. C'est donc dans ces trois systèmes que les observations d'Horowitz sont menées, successivement. Les corrections de vitesses, donc de fréquences, sont apportées par l'ordinateur.

## Le système Horowitz

Du point de vue technologique, les canaux sont aussi réalisés par transformations de Fourier, mais, pour diminuer le travail électronique, la reconnaissance de signaux a été réduite le plus possible : elle signale seulement, à la fin de chaque observation de 20 s, les canaux présentant un excès d'intensité. On ne distingue donc pas entre sifflement ou bip-bip. Malgré cela, il a fallu assembler 20 000 circuits intégrés et faire un demi-million de soudures pour construire le système. L'instrumentation a été installée derrière un ancien radiotélescope hors d'usage, mais rénové, de 26 m de diamètre, appartenant à l'université de Harvard et à la Smithsonian Institution, situé dans les montagnes du Massachusetts. Pointé vers le sud à une hauteur fixe au-dessus de l'horizon, mais différente chaque jour, le radiotélescope balaye donc, jour après jour, des parallèles célestes différents grâce à la rotation diurne : tout le ciel visible de Harvard est ainsi accessible en 200 jours.

En 5 ans de fonctionnement continu, le système a exploré 8 millions de spectres de 8 millions de canaux chacun, d'où il a extrait 1 mégabit de données par mois pour les archives. En examinant avec soin ces « trésors », selon le mot d'Horowitz, on y trouve 98 % de bruit, divers parasites, des erreurs de fonctionnement et d'« autres » signaux, sinon des signaux d'« autres ». En regardant de plus près la forme détaillée de ces derniers, quelques bons candidats extra-terrestres subsistent, dont un survenu le 10 octobre 1986 à 17 h 54 GMT, mais qui ne s'est jamais répété en dehors des 20 secondes où il a été enregistré. Tout ce que l'on peut faire, dans ce cas d'alerte, est de l'archiver et de continuer la recherche...

C'est ce que souhaite Horowitz, et il voit grand. Avec les développements technologiques intervenus depuis le début des années 1980, on est passé de mémoires à 64 kilobits à des mémoires à 64 mégabits. Comme le coût du système provient surtout des mémoires, on peut, a-t-il dit au forum SETI de 1990 à Dresde, « envisager un récepteur à un milliard de canaux, d'ici quelques années, pour 150 000 dollars, tout compris : les processeurs de Fourier, les circuits logiques de " collage ", le montage. Dans un environnement universitaire, on peut utiliser le travail de candidats à la thèse et d'étudiants motivés, aboutissant au système fini pour 250 000 dollars [...] Ces recherches à bande très étroite doivent être considérées comme des tentatives pour mener des explorations SETI universitaires à faible prix. Comme elles peuvent ne pas aboutir à une détection, il semble tout à fait approprié de développer les recherches plus puissantes et plus vastes audacieusement entreprises par la NASA ».

## Utiliser les supernovae ?

Une autre stratégie SETI a été proposée à l'occasion de l'explosion de la supernova de 1987, dans le Grand Nuage de Magellan. L'idée est que si une civilisation, lorsqu'elle voit l'explosion, émet un signal dans une certaine direction, celui-ci arrivera sur l'étoile visée au moment où elle verra elle aussi l'explosion. La supernova sert en quelque sorte de coup d'envoi pour coordonner émission et réception, augmentant ainsi considérablement les chances de synchronisation. La coordination temporelle émetteur-récepteur est réalisée pour les étoiles situées sur la surface d'un certain ellipsoïde ; au fur et à mesure que le temps s'écoule après l'explosion, l'ellipsoïde s'étale, atteignant de nouvelles étoiles, identifiables par le calcul. Ce sont elles qui, à ce moment, doivent émettre, tandis que nous, nous devons les viser pour les « écouter ».

## L'hémisphère sud entre en jeu

L'Institut argentin de radioastronomie possède deux radiotélescopes de 30 m de diamètre construits pour étudier les galaxies australes avec la raie de 21 cm. Désirant étendre SETI à l'hémisphère sud, dont une grande partie est invisible du nord, son directeur, Fernando Colomb, a commencé des écoutes en 1986. Après l'explosion de 1987, les Argentins ont visé les étoiles indiquées par l'ellipsoïde. Ils ont même visé, en plus, sur la suggestion d'un astronome de Kharkov, l'étoile qui m'avait tant intrigué pendant des années : selon lui, la source radio, légèrement décalée par rapport à l'étoile, pourrait provenir d'un émetteur situé sur une de ses planètes. Si les Argentins n'ont rien détecté, du moins se sont-ils fait la main et, en 1986, avec l'aide financière de la Planetary Society et l'aide technologique de Paul Horowitz, ils ont construit un double de son système qui, depuis fin 1990, fonctionne douze heures par jour sur l'un des deux radiotélescopes, pour balayer le ciel austral.

## Le commensalisme

Peu à peu, les tentatives SETI s'étendent et s'affirment. Une voie intéressante a été ouverte à l'université de Berkeley : un autre grand problème, pour SETI, est d'obtenir du temps de radiotélescope pour observer ; la compétition est sévère, quoique de moins en moins injuste, avec les autres astronomes intéressés, qui aux comètes, qui à l'évolution des étoiles, qui aux galaxies ou aux quasars... Une solution se présente : lorsqu'un astronome observe, pourquoi ne pas dériver, à l'entrée de son récepteur, une partie des ondes qu'il collecte pour y rechercher des signaux ? C'est ce qu'a entrepris S. Bowyer avec ses collaborateurs, à l'université de Californie, à Berkeley, dans son projet « Serendip ». Bien sûr, il n'a ni le choix de la direction visée, ni celui de la fréquence utilisée, qui sont déterminées par l'astronome en fonction. Mais, puisque pour SETI on a tout à apprendre, qu'on ne sait de façon déterminante de quelle étoile ou même de quel point de l'espace une émission peut provenir, ni à quelle fréquence l'émission peut avoir lieu, autant utiliser le temps de télescope, obtenu gratuitement, et en abondance, pour tenter sa chance.

Le système collecteur en dérivation fonctionne de façon autonome et automatique, utilisant un analyseur à 64 000 canaux. Les données sont enregistrées sur disque optique et examinées à l'université. Il a fonctionné deux ans au foyer du grand radiotélescope de 100 m à Greenbank, jusqu'à... son effondrement soudain ! Le grand instrument, cependant, ne s'est pas écroulé à cause du poids du système de Berkeley, mais juste de vieillesse, endommageant le laboratoire de réception qui s'abritait sous lui et où veillait l'observateur de garde, sorti indemne. Pendant ces écoutes, l'équipe a tout de même analysé 3 000 milliards de points spectraux, dont elle a extrait plusieurs millions de candidats ; de ceux-ci, après des tests sévères pour éliminer la plupart des parasites, il reste une liste de candidats pour lesquels du temps de télescope sera spécifiquement demandé afin de les observer à nouveau. Cette voie prometteuse a conduit l'équipe de Berkeley à préparer un analyseur à 4 millions de canaux. Devant ces assauts, SETI peut-il échouer ?

### *Trop de fréquences « magiques »*

Le concept de fréquence magique, sur laquelle les civilisations du cosmos se centreraient pour se rencontrer dans le vaste désert des canaux de communication possibles, se trouve déjà exprimé par Cocconi et Morrison en 1959 dans leur premier travail théorique ; ils attribuaient ce statut particulier à celle de l'hydrogène neutre, 1 420 MHz. Depuis, le concept s'est élargi à d'autres fréquences magiques. Peut-être y a-t-on été poussé parce que aucun signal artificiel n'a, dans les premières tentatives, été détecté à la fréquence 1 420 MHz. Étant donné le caractère très primitif de ces premières tentatives, qui n'avaient vraiment que peu de chances d'aboutir, il n'y avait pas lieu de chercher déjà d'autres points de rencontre.

Et pourtant, c'est la voie sur laquelle s'est engagé l'instrument de Harvard ; après avoir balayé tout le ciel à 1 420 MHz, sans rien trouver, il recommence à la fréquence double 2 840 MHz, car, selon Horowitz, cette valeur peut être remarquable aussi. De leur côté, les radio-astronomes australiens, reprenant la route SETI qu'ils avaient abandonnée, ont misé sur la fréquence 1 420 MHz multipliée par pi, le nombre mathématique universel donnant le rapport de la circonférence d'un cercle à son diamètre : 1 420 × 3,1416 = 4 462 MHz.

Malheureusement, plus on pense avoir trouvé de fréquences magiques, moins chacune a de valeur. Le concept se dilue et se perd. Le pire est qu'avec les progrès de la radioastronomie, d'autres raies remarquables ont été découvertes dans le cosmos. Ainsi en a-t-il été pour le radical hydroxyle OH, second en intensité et ubiquité avec ses quatre raies groupées autour de 18 cm de longueur d'onde. Faut-il donc écouter sur chacune de ses 4 fréquences, ou sur leur fréquence moyenne, ou sur la moyenne pondérée par leurs intensités individuelles ?

Comme OH et H recombinés donnent de l'eau $H_2O$, composé fondamental pour la vie terrestre, la plage comprise entre 18 et 21 cm a pris un caractère de zone de fréquences privilégiée. De plus, elle se trouve dans la fenêtre SETI, là où les fluctuations sont au plus bas. Elle a donc été baptisée « trou de l'eau », pour signifier qu'elle pourrait constituer un lieu de rencontre particulier pour les nomades du cosmos. Puis sont venues les découvertes de raies provenant du monoxyde de carbone, du formaldéhyde, de la vapeur d'eau... Enfin, les physiciens ont eux aussi trouvé des fréquences magiques, indépendantes du contenu du cosmos en atomes ou molécules. De la même façon qu'en combinant trois des constantes fondamentales de la physique : la vitesse de la lumière, la constante de Planck et celle de la gravitation, Planck a calculé sa fameuse longueur de $10^{-33}$ cm, on peut, par d'autres combinaisons, trouver des fréquences spéciales.

Il faut bien reconnaître que le fil d'Ariane commence à s'effilocher le long de cette piste et on ne sait plus vers quoi se diriger. C'est bien pourquoi la NASA, visant haut, a décidé que *toute* la fenêtre SETI devait être explorée. « Toute », c'est-à-dire de 1 à 10 GHz. Bien que cela ne soit pas encore la panacée − souvenons-nous des trente petites secondes passées, en toute une décennie d'observation, sur telle étoile dans tel canal − c'est une ambition observationnelle de première grandeur à laquelle il faut s'atteler pour défricher le domaine SETI. Évidemment, pour cela, il faut avoir des moyens à la hauteur de l'œuvre.


## Un nouveau fil d'Ariane


À mon tour, j'ai succombé à l'attrait de fréquences spéciales qui aideraient à nous y retrouver dans cette jungle cosmique. Cependant, j'adhère à la philosophie de la NASA : explorer toute la fenêtre. Mais, au lieu de couvrir toute la plage, d'un bout à l'autre, en déplaçant successivement le bloc des dix millions de canaux dix mille fois (dans le cas rejetant tout compromis), je propose de suivre une liste de fréquences préférentielles, très précises, dont on peut évaluer les chances de succès. Je fonde cette proposition, non sur des valeurs de la physique, ni sur le contenu atomique ou moléculaire de l'univers, mais sur une classe exceptionnelle d'astres.

On peut donc s'engager sur le vaste terrain ouvert par la NASA mais en utilisant, pour se guider, un nouveau fil d'Ariane fait d'un nouveau matériau. Si au bout de ce fil, on ne trouve rien, alors il faudra passer la main à d'autres pour qu'ils entreprennent l'exploration systématique du terrain entier, comme ils en avaient l'intention au départ. Même s'il ne donne rien, du moins ce chemin n'aura-t-il pas fait perdre de temps : on aura déjà exploré un lot de fréquences. Comme aucun argument ne semble pouvoir être donné pour dire que ce fil conduit à une mauvaise piste, l'espoir d'une réussite précoce dans le long programme envisagé par la NASA se trouve augmenté. Autant tenter de réussir la première année que la neuvième.

## Les pulsars

Comme classe exceptionnelle d'astres, je propose les pulsars. Pourquoi ? Parce que ce sont des balises radio-interstellaires naturelles, puissantes, bien réparties dans les espaces intersidéraux, émettant des bip-bip d'une régularité impressionnante, et ce durant un million d'années. Ce sont des radio-phares idéaux jalonnant, non seulement notre voisinage galactique, mais la galaxie tout entière, et même les galaxies extérieures. Les fréquences de leurs tops sont des repères naturels stables, de longue durée de vie et détectables de loin.

Du point de vue physique, un pulsar est une étoile à neutrons en rotation rapide. Lorsqu'une étoile arrive à la fin de son évolution, par épuisement de son combustible nucléaire, elle s'effondre en grande partie et peut produire un résidu très dense formé essentiellement de neutrons. Ainsi, une étoile typique un peu plus massive que le Soleil, d'un diamètre d'un million de kilomètres et tournant sur elle-même en un mois, aboutit, après avoir néanmoins éjecté une autre partie de sa masse de façon explosive dans la phase supernova, à une sphère de 10 km de diamètre en rotation extrêmement rapide.

Pour peu qu'à la surface de cet astre étrange, des phénomènes électromagnétiques intenses se développent, il en sortira des faisceaux puissants d'ondes radio qui, à chaque rotation, balayeront toute une portion de l'espace. Chaque fois que de tels faisceaux nous atteignent, ils nous délivrent un bip dont la suite régulière a fait donner à l'astre émetteur le nom de pulsar, pour *pulsating stellar object*. Rappelons que, dans le contexte SETI, leur premier nom était LGM, *Little Green Men*, ou petits hommes verts !

Depuis leur découverte, plusieurs centaines de pulsars ont été repérés. Ils sont répartis dans notre voisinage galactique à raison d'un toutes les cinq cents années-lumière. Leurs fréquences de rotation vont du hertz au kilohertz, correspondant à des périodes de rotation allant de la seconde au $1/1\ 000^e$ de seconde. Elles sont tellement stables, qu'en mille ans, les périodes diminuent d'au plus $1/10\ 000^e$ de seconde. Encore connaît-on leur taux de ralentissement avec assez de précision pour faire une correction, si nécessaire.

Quel navigateur cosmique hésiterait à se lancer à la recherche d'autres civilisations avec de tels phares ? Lorsque Carl Sagan et sa femme ont conçu le message que les sondes Pioneer, les premiers engins humains à quitter le système solaire, devaient emporter pour renseigner d'éventuelles civilisations interstellaires, ils se sont servi des pulsars ; par leur position dans l'espace, par les valeurs de la rotation de leurs faisceaux, les intercepteurs pourraient localiser notre Soleil et déterminer la date du départ.

*Le cas de la recherche sur cible*

Pour ne pas me perdre dans des détails trop techniques, j'illustrerai cette stratégie uniquement pour le cas du programme sur cibles de la NASA. Les 1 000 étoiles qui seront observées ces dix prochaines années se situent à l'intérieur d'une sphère de cent années-lumière centrée sur le Soleil. Les pulsars les plus proches de cette portion d'espace interstellaire sont à deux cent soixante, trois cents, quatre cent quatre-vingt-dix et cinq cent cinquante années-lumière de nous. Il est évident que la balise commune à nous et aux 1 000 étoiles la plus recommandée est la plus proche : PSR 1929 + 10, tel est son nom astronomique (PSR pour pulsar radio, 1929 pour son « ascension droite » 19 h 29 mn et + 10 pour sa déclinaison nord de 10°). Mais le pulsar situé à trois cents années-lumière n'est pas à dédaigner ;

on peut donc aisément leur donner des coefficients de pondération, pour chiffrer leur intérêt, en fonction du carré de leur distance.

Une fois les pulsars choisis et pondérés, se présente alors le grand problème : leur fréquence de rotation n'a rien à voir avec les fréquences de la fenêtre SETI. Comment passer des unes aux autres ? Il faut trouver une loi qui soit la plus générale et la plus universelle possible. Remarquant que la fenêtre SETI s'étend sur un facteur 10, de 1 à 10 GHz, il suffit de multiplier la fréquence d'un pulsar choisi, par un nombre mathématique universel quelque peu plus petit que 10, autant de fois qu'il le faut pour qu'en définitive, le résultat tombe immanquablement dans la fenêtre.

Ainsi PSR 1929 + 10 a pour fréquence de rotation 4,4146768 Hz (notez la précision ; c'est rare en astrophysique !) ; en la multipliant par 6,2831853 (2 pi, nombre remarquablement universel, quelque peu inférieur à 10) onze fois successives, on trouve la fréquence 2,65998 GHz, tombant dans la fenêtre. Telle est, à mon sens, la première fréquence préférentielle par laquelle la NASA devrait commencer sa recherche sur cibles.


*Nombres mathématiquement remarquables*


Mais pourquoi choisir comme nombre mathématique 2 pi ? N'y a-t-il pas aussi pi, e = 2,7182818, le nombre d'Euler, base des logarithmes népériens, ou même tout simplement le nombre 2, préconisé par Horowitz ? Qu'est-ce au juste qu'un nombre mathématiquement remarquable ? François Le Lionnais, passionné par les nombres depuis l'enfance, érudit de grande finesse, champion d'échecs et pendant longtemps producteur de « La Science en Marche » sur France Culture, en a collectionné tout au long de sa vie. En collaboration avec Jean Brette, directeur du département mathématique du Palais de la Découverte, il a publié *Les Nombres remarquables*, une anthologie de 400 nombres et de leurs 700 propriétés, répartis depuis 0,001264489 jusqu'à $2^{86242}(2^{86243}-1)$ ! On pourrait penser qu'entre 2 et 6,2831853, il s'en présente beaucoup. Mais non, seulement 19 !

En fait, il ne faut pas rejeter ces nombres, mais seulement les considérer en fonction de leur probabilité de nous apporter un succès, d'autant plus petite qu'ils sont inférieurs à 10. La fréquence qui obtient 100 points est celle déjà signalée ; puis, en second, vient 2,38093 GHz avec 79 points, deux autres avec 62 points, etc. En tout, une trentaine en descendant jusqu'au score, déjà faible, de 8 points.

Quand on compare une trentaine aux cent milliards de canaux de communication possibles, on peut dire que cette sélection est extraordinairement puissante : cela vaut la peine de tenter sa chance à partir de ma liste. De plus, cette stratégie, basée sur les pulsars, suit une logique d'aspect apparemment universel, en l'état actuel de nos connaissances. Enfin, les valeurs des fréquences fournies sont très précises, au niveau de la centaine de kilohertz. C'est particulièrement précieux pour des systèmes, comme celui d'Horowitz, dont les canaux ne couvrent au total que 400 kHz. On peut donc les positionner correctement.

*Le test observationnel*

Pour compléter l'aspect théorique de mes arguments, j'ai soumis la stratégie fondée sur les pulsars à un test observationnel avec mes collègues Jill Tarter et François Biraud. Nous avons conduit une recherche réelle avec le radiotélescope de Nançay. Parmi les cibles visées, nous avons choisi, en souvenir des premières écoutes de Frank Drake, ses deux étoiles tau Ceti et epsilon Eridani. Malheureusement (ou heureusement ?), elles ne nous ont pas soumis à la décharge d'adrénaline qu'il avait connue lors de sa première alerte ! Nous avons quand même eu une alerte valable : l'étoile DM-23°8646, la 8 646ᵉ étoile à la déclinaison sud de 23° du catalogue Durchmusterung, établi en 1886, a donné un fort signal à 1 661 590 123 Hz. Trois jours après, nous l'avons repointée, mais le signal avait disparu...

La stratégie basée sur les pulsars fera-t-elle des adeptes ? Woody Sullivan, professeur d'astronomie à l'université de l'État de Washington, ardent promoteur de SETI, à l'origine de la simulation de l'écoute de la Terre à partir de Proxima du Centaure, a étendu ma stratégie à un autre défi : prévoir à quels rythmes les bip-bip des extra-terrestres ont le plus de chances d'être émis. Les périodes des pulsars pourraient servir directement d'étalons, simplifiant énor-

mément les calculs exécutés par le reconnaisseur de signaux de la
NASA.

Peut-être me suis-je laissé aller à donner trop de chiffres, trop
de précisions. Du moins saisira-t-on mieux ainsi ce qu'il faut aux
chercheurs de soins méticuleux et de travail de myope pour tenter
d'apporter une petite pierre à la progression de nos connaissances.


### ET écoute la Terre


Si le système de la NASA et un grand radiotélescope étaient trans-
portés sur une planète, quelque part dans notre galaxie, seraient-
ils capables de découvrir des émissions radio-artificielles provenant
de notre propre Terre ? Lors d'un récent forum SETI, John Billingham, chef du programme SETI de la NASA, a chiffré la réponse
pour les deux modes de recherche, sur cible et par balayage, pour
les deux types de signaux envisagés, continus et pulsés, et enfin
pour les émetteurs terrestres les plus puissants, le radar planétaire
d'Arecibo et les radars militaires américains de surveillance des
missiles balistiques.


### Les radars terrestres


Les portées atteintes sont énormes ; le record est obtenu par
recherche sur cible d'un signal continu : quatre mille années-
lumière. Quand on pense que le programme de la NASA comporte
1 000 étoiles jusqu'à cent années-lumière seulement, une simple
règle de trois indique que le volume s'étendant jusqu'à quatre mille
années-lumière renferme 60 millions d'étoiles comparables au Soleil.

Si les signaux d'Arecibo avaient eu le temps de se propager aussi
loin, nous pourrions être détectés par ce nombre considérable
d'étoiles. En fait, ils ne sont encore parvenus qu'à une trentaine
d'années-lumière, nous exposant à 20 étoiles seulement. Ceux qui
craindraient que nous ne nous révélions au cosmos, seront peut-
être rassurés ; mais il n'empêche que les impulsions radio d'Arecibo
sont en route, et que nous ne pouvons rien faire pour les arrêter.

Inexorablement, elles finiront par balayer les 60 millions d'étoiles d'ici deux fois seulement la durée de l'ère chrétienne ! En comparaison, les radars militaires ont une portée beaucoup plus faible de vingt années-lumière.

Mais la question de la portée ne couvre pas tous les éléments du problème de la détection ; il faut, en plus, calculer la probabilité qu'auraient nos appareils SETI, expatriés sur un autre système planétaire, de découvrir la Terre, astre anodin perdu dans l'immensité des cieux. J. Billingham a fait le calcul en utilisant le rythme auquel le radar d'Arecibo et les radars militaires émettent, et les bandes de fréquence effectivement utilisées ; par exemple, Arecibo n'utilise son radar que deux cents heures par an, ce qui favorise les radars militaires, utilisés en service continu et plus nombreux. Tout compte fait il y a égalité entre eux. Mais la probabilité finale calculée par Billingham est très petite : nos appareils SETI expatriés n'auraient qu'une chance sur mille de détecter une planète équivalente à la Terre, même s'il en existait dans l'espace une toutes les dix années-lumière !

L'optimisme sur la portée du système SETI est refroidi par l'aspect pessimiste de la probabilité de tomber sur un signal artificiel. Un parallèle avec le jeu est illustratif : si n'importe qui, achetant un billet de loterie, peut gagner une somme importante, la probabilité qu'il la gagne est faible. Son remède serait d'acheter beaucoup de billets. Le problème est bien là : si l'humanité a franchi le pas technologique immense de pouvoir opérer sur des signaux radio se propageant sur des distances interstellaires, il lui faut encore tomber sur la bonne cible, à la bonne fréquence, au bon moment. Mais qui ne tente rien, n'obtient rien. Il a été très sain que ce calcul n'ait révélé son impact décourageant que très tardivement. Au moins la technologie est-elle désormais sur les rails, lesquels peuvent aller très loin, largement au-delà des milliards de canaux simultanés ; ce qui nous permettra de nous pourvoir de nombreux billets de loterie.

Par ailleurs, il peut exister des facteurs d'optimisme. Ainsi, les calculs supposent que les technologies extra-terrestres sont à notre niveau. Or c'est très peu probable, et si nous détectons des signaux, ils proviendront de civilisations beaucoup plus avancées, pour de pures raisons statistiques. Leurs émetteurs pourraient donc être beaucoup plus puissants que nos radars. En définitive, ce sera à l'observation de décider ; en physique, tenter une expérience importante qui *a priori* n'aurait qu'une chance sur mille d'aboutir a un sens. Ils sont innombrables ces cas où des pionniers se sont attaqués à des expériences relativement désespérées, pour aboutir à des résultats de première grandeur, grâce à deux facteurs favorables : un facteur mille gagné dans le développement de la technologie, et un autre facteur mille apporté gracieusement par la nature pour s'être révélée encore plus étonnante qu'on aurait pu le penser.

### *Nos émissions télévisées*

La Terre n'émet pas seulement des ondes radio par ses radars ; dès 1978, Woodruff Sullivan montrait que ses émetteurs de télévision pouvaient nous signaler de loin aussi, par une signature radio des plus intéressantes, non pas par le contenu des programmes émis, mais par les propriétés physiques de leurs ondes porteuses. Un système du genre Arecibo pourrait les capter jusqu'à trente années-lumière.

Comme ces émetteurs sont destinés à activer les antennes des particuliers, leurs faisceaux sont dirigés au ras de l'horizon, et une bonne fraction de leur émission s'échappe dans l'espace, le balayant à la ronde au cours de la rotation diurne de la Terre. En rassemblant les informations sur les 2 200 émetteurs de télévision de l'époque, Sullivan a reconstitué la nature des ondes reçues de l'extérieur. Trois grands centres émetteurs se singularisent sur le globe : l'Europe, les États-Unis et le Japon. Au cours de vingt-quatre heures d'écoute, un extra-terrestre recevrait six bouffées d'émission, une chaque fois qu'une des trois zones semblerait se coucher, ou se lever, sur le globe, vu de là-bas. Bien sûr, W. Sullivan aurait bien aimé disposer de millions de dollars pour avoir une sonde spatiale chargée d'écouter la Terre et vérifier ses prévisions ; mais il a trouvé plus expéditif de l'écouter avec Arecibo lui-même, par Lune interposée. Les émissions terrestres sont en effet réfléchies partiellement par le sol lunaire. Effectivement, tandis que, vues de la Lune, l'URSS se couchait et que l'Europe allait la suivre, il a observé des pics d'émission correspondant au canal 8 (191 MHz) dont, en une heure, ceux provenant des Soviétiques s'affaiblissaient progressivement devant la montée de ceux émis par les Européens.

Qu'est-ce qu'un extra-terrestre, même à notre modeste niveau d'intelligence, pourrait extraire de l'étude physique de ces bouffées d'émissions ? En mesurant précisément les fréquences des pics reçus, ET obtiendrait des effets Doppler-Fizeau correspondant à des vitesses de trois cents m/s, notre vitesse due à la rotation de la Terre. Ces effets se reproduisant toutes les vingt-quatre heures, un déplacement à trois cents m/s pendant vingt-quatre heures correspond à un parcours de 40 000 km, ce qui conduirait ET à trouver le diamètre de notre planète, 10 000 km. Puis, au cours de l'année, il détecterait un autre effet Doppler-Fizeau, correspondant à la vitesse beaucoup plus grande de 30 km/s, notre vitesse autour du Soleil ; il en déduirait donc notre distance à notre étoile, 150 millions de km. Puis, à partir de la luminosité et de la température de notre étoile, il calculerait qu'un globe de 10 000 km, circulant à 150 millions de km de distance, a une température tombant dans la plage 0-100° C. Et aussitôt de dire : eau liquide, donc biologie macromoléculaire, donc vie intelligente !

Jusqu'au moment où, en poussant sa technologie de détection pour en savoir plus sur nous, il arriverait à décoder nos programmes d'émissions télévisées, et en apprendrait effectivement beaucoup plus... pour, en définitive, se rendre compte que nous nous autodétruisons par guerres, génocides, pollutions nucléaires, empoisonnements chimiques, destruction des ressources, de l'ozone stratosphérique, de l'oxygène atmosphérique et que, en fin de compte, notre gestion planétaire chaotique et irresponsable les oblige à nous rayer de leur liste d'êtres intelligents du cosmos. Sans aller jusque-là, Sullivan indique que des indices saisonniers peuvent être déduits de nos ondes porteuses. Ainsi, l'hiver, les forêts sont plus dépouillées et laissent passer plus facilement les ondes. Des indices sociologiques, et même politiques pourraient apparaître : dans certaines régions, les horaires d'émission sont moins étendus ou des baisses importantes de leur volume peuvent survenir. Au cours de son écoute fondée sur des réflexions sur la Lune, Sullivan a même capté un radar militaire de surveillance de la Marine américaine, situé au Texas, émettant un mégawatt dans une bande d'un dixième de Hertz.

Selon certains critiques, la phase, pendant laquelle une civilisation utiliserait des ondes radio, pourrait n'avoir qu'une brève durée ; déjà, chez nous, les fibres optiques progressent de plus en plus dans le domaine des télécommunications. Il serait alors vain de miser sur leurs émissions radio pour détecter des civilisations. Comme souvent dans ces domaines, il s'agit d'une pure spéculation, à laquelle on ne peut répondre que par une pure contre-spéculation. N'envisage-t-on pas des stations orbitales chargées de capter l'énergie solaire, de la convertir en faisceaux radio étroits pointés vers des centres collecteurs au sol ? Avec des puissances de 10 gigawatts et des faisceaux efficaces à 99,9 %, une telle centrale rayonnerait dans l'espace des fuites détectables de cent fois plus loin que nos radars. De toute façon, une fois encore, puisque nous commençons à en avoir les moyens, l'observation décidera.

# Chapitre 11

# Habitats cosmiques

Le principal programme officiel de la NASA vise les 1 000 étoiles les plus proches ressemblant le plus au Soleil. C'est lui qui, pour commencer SETI à grande échelle, occupera les premières années du super-système. Inaugurée en octobre 1992 après l'intégration complète de tous ses composants, la recherche proprement dite consacrera une année à la mise au point finale indispensable et ne sera terminée que pour l'an 2000. On mesure l'ampleur de l'entreprise. L'idée, déjà vieille d'une décennie, est simple. Elle recèle toutefois une triple difficulté : 1 000 c'est peu par rapport aux milliards d'étoiles qu'il vaudrait mieux viser ; les plus proches ne sont pas forcément les plus intéressantes ; enfin, se fonder sur la ressemblance avec le Soleil se justifie seulement parce que le système solaire représente l'unique cas de vie intelligente connue. Fort heureusement, ces faiblesses seront dès le départ compensées par l'autre programme de recherche : le balayage du ciel tout entier. Commencé également en octobre 1992, mais avec un prototype à 2 millions de canaux « seulement », il ne prendra son plein essor qu'en 1996, avec 16 millions de canaux et, lui aussi, durera jusqu'au troisième millénaire.

## *Les étoiles avec planètes*

Depuis la formulation du programme sur cibles, nos connaissances se sont accrues. Les efforts déployés pour découvrir des planètes autour d'autres étoiles convergent vers quelques candidats prometteurs. D'autres cas ont été découverts par surprise, comme la très grosse planète (ou naine brune ?), qui a au moins 12 fois la masse de Jupiter et tourne autour de l'étoile HD 114762 en 84 jours. Imaginez Mercure remplacé par un Jupiter de diamètre 2 à 3 fois celui du nôtre, et vous aurez une bonne idée de ce système planétaire ; si une Terre s'y trouve aussi, lorsque son soleil HD se couche, la superplanète joue dans le crépuscule le rôle d'une étoile du Berger des centaines de fois plus brillante que Vénus ; son globe serait même visible à l'œil nu, comme la Lune.

La découverte de disques de gaz et de poussières autour d'une vingtaine d'étoiles peut signaler la présence de planètes ; certaines de ces étoiles ont déjà vécu quelques milliards d'années, donnant à la vie évoluée des chances de s'être développée ; ces étoiles sont donc des candidates privilégiées pour SETI.

Grande surprise aussi, à la mi-1991, avec l'annonce par des Anglais de Jodrell Bank de l'existence d'une planète autour d'un pulsar. Cette nouvelle fût bientôt démentie par leurs auteurs, à la suite de la découverte d'une erreur dans leurs calculs. Cela a dû être un moment terrible dans la vie de ces chercheurs ; raison de plus pour ne jamais se précipiter et laisser mûrir les choses. Dans le même domaine, surprise encore, fin 1991, avec l'annonce de la découverte de deux planètes autour d'un autre pulsar par des Américains à Arecibo. La possibilité de découverte de masses en orbite autour de pulsars est prometteuse et récente, mais requiert la confirmation par d'autres cas éventuels et la compréhension de l'astrophysique sous-jacente.

D'autres méthodes pour sélectionner les cibles ont été proposées, comme d'utiliser la propagation dans l'espace du flash de supernovae pour synchroniser à la fois l'émission de signaux par une civilisation et leur détection par nous ; si l'étoile de la civilisation se trouve sur un certain ellipsoïde bien calculable, le temps de trajet du signal sera tel que nous le percevrons en même temps que le flash. Une autre possibilité consisterait à viser les étoiles qui ont pu être déjà atteintes par les faisceaux du radar d'Arecibo. Elles pourraient nous envoyer des réponses...

## Les étoiles doubles

La majorité des étoiles de notre galaxie sont doubles. Une question importante pour la vie est de savoir si une planète peut avoir une orbite stable et permanente autour de deux étoiles. Déjà, ces deux étoiles tournent l'une autour de l'autre (en fait autour de leur centre de gravité commun). On conçoit donc que si une planète passe, successivement, sous l'empire gravitationnel de l'une, puis de l'autre, elle puisse subir des accélérations complexes, et en définitive être éjectée dans l'espace intersidéral, ou projetée sur l'une des étoiles, lui interdisant une carrière biologique. Les étoiles doubles ne devraient donc pas figurer parmi les étoiles cibles de SETI. Cependant, dans certains cas, une orbite stable semble possible ; ainsi, lorsque la planète circule sur une orbite serrée autour d'une des étoiles, l'influence de l'autre, lointaine, est faible et l'orbite pourrait être stable. De même si, les deux étoiles tournant de façon serrée l'une autour de l'autre, la planète se trouve au loin sur une orbite circulaire, les deux étoiles ne lui semblent en former qu'une et son orbite peut être stable. Il faudrait donc mettre les étoiles doubles dans la liste SETI.

## Le cas d'Alpha du Centaure

Pour éclairer le problème, Daniel Benest, de l'Observatoire de Nice, a présenté au symposium de Val Cenis des calculs détaillés portant sur le comportement d'une planète dans un système d'étoile double. Il a choisi un cas particulier cher aux explorateurs interstellaires, celui d'Alpha du Centaure, le plus proche système stellaire, à 4,3 années-lumière. Comme le disait pittoresquement Flammarion : « Un train express parti d'ici n'arriverait à ce soleil voisin qu'après une course non interrompue de près de soixante millions d'années. » En vérité, l'étoile la plus proche de nous est Proxima du Centaure, un astre invisible à l'œil nu, situé 2 % plus près.

Alpha brille d'un bel éclat dans l'hémisphère sud. C'est toujours un spectacle émouvant que de contempler, sous les cieux de l'hémisphère austral, ce premier relais intersidéral. Vu depuis Alpha, notre Soleil brillerait aussi d'un bel éclat ; pour un déplacement aussi petit par rapport aux distances de l'ensemble des étoiles, nos constellations familières auraient le même aspect que vues de la Terre, sauf que, juste à gauche du W de Cassiopée, une étoile inhabituelle viendrait enjoliver cette constellation ; et cette étoile serait la nôtre !

La plus importante composante de l'étoile double, Alpha du Centaure A, est un vrai sosie du Soleil, tandis que B est un peu moins massive et moins chaude. Leurs orbites par rapport au centre de gravité, parcourues en quatre-vingts ans, sont allongées, un peu comme un œuf : c'est pourquoi leur distance relative varie entre 12 et 36 fois la distance Terre-Soleil (U.A.). Les calculs de Benest ont montré, qu'en plus d'orbites très lointaines, peu intéressantes pour la vie, car trop éloignées des sources de chaleur, il existait des orbites stables autour de A ou de B avec des rayons pouvant atteindre 3 ou 4 U.A.

Des orbites semblables à celles de Mercure, Vénus, la Terre, Mars, et même à celles d'astéroïdes, sont stables ; dans le cas terrestre, tout en accomplissant notre révolution annuelle autour du sosie A du Soleil, nous verrions B faisant au loin un grand tour en quatre-vingts ans, à des distances oscillant entre celles de Saturne et de Pluton ; tous les six mois, A et B seraient dans la même région du ciel, augmentant un peu l'éclat de nos jours, tandis que, six mois plus tard, B illuminerait nos nuits comme mille pleines lunes. La vie pourrait donc apparaître en ces lieux, que Benest qualifie d'orbites habitables. Mais rien ne nous indique pour l'instant que des planètes peuvent effectivement se condenser en ces positions, à cause d'effets de marée complexes engendrés par les deux étoiles.


*Le rôle de l'atmosphère*


Nos deux voisines, Vénus et Mars, circulent à 108 et 228 millions de km du Soleil, contre 150 pour nous. Faut-il s'étonner, alors que sur Terre la température soit idéale, qu'il fasse si chaud sur Vénus et si froid sur Mars ? Plus un globe est proche de la surface solaire, qui est à 6 000°, plus il reçoit d'énergie, plus sa température augmente, jusqu'à un certain équilibre dicté par les pertes qu'il rayonne dans l'espace. Quand on calcule ces températures d'équilibre, on est loin en dessous des 450° C régnant à la surface de Vénus. Cela provient du rôle important joué par les atmosphères, qui, au premier abord, semblent jouer le rôle de couverture protectrice.

Mais la situation est très complexe. D'une part, une couverture nuageuse planétaire renvoie au sol les rayons infrarouges qu'il émet de par sa température acquise par l'énergie solaire, et empêche ainsi la planète de se refroidir trop. D'autre part, par sa blancheur, elle renvoie dans l'espace une bonne partie des rayons solaires et amoindrit la température d'équilibre. Une couverture atmosphérique est donc à double tranchant ; en réduisant les pertes par effet de serre, elle sert aussi d'ombrelle protectrice. L'évaluation de ces effets contradictoires est très difficile à mener, même pour notre Terre, où pourtant les données d'observation sont considérables et les simulations sur ordinateur extrêmement puissantes. De plus, les équations sont telles que leurs solutions, très sensibles aux conditions initiales, sont capricieuses. En reprenant une image répandue, si un papillon bat des ailes en Australie, il pourrait générer, de proche en proche, des perturbations catastrophiques sur les printemps européens.

On sait l'importance de problèmes comme la conduite de l'agriculture, la prévision des catastrophes atmosphériques, l'effet de serre et la diminution de l'ozone. L'Année internationale de l'espace, en 1992, a pour thème prioritaire l'observation de la Terre à partir d'une panoplie coordonnée et puissante d'instruments spatiaux. Elle devrait contribuer à suggérer des mesures de sauvegarde de la seule planète à notre disposition. Dans cette perspective, une meilleure connaissance des planètes sœurs, en particulier de Vénus et Mars, sera également précieuse. L'étude de ces cas voisins permettra de faire des comparaisons fondamentales et des extrapolations justifiées vis-à-vis de la Terre. Cependant, ces planètes sont, à cause de leur éloignement, bien plus difficiles à étudier, les scientifiques qui s'en occupent très peu nombreux et les moyens dont ils disposent, aussi bien observationnels que théoriques, très inférieurs. Les recherches commencent seulement ; ainsi, les modèles de calcul numérique, au lieu de prendre comme base des sphères à trois dimensions en rotation, se réduisent à des cas d'atmosphères recouvrant un sol plat infini et immobile ! De plus, ces calculs doivent permettre de découvrir comment l'atmosphère des planètes a pu évoluer pendant plusieurs milliards d'années et pas seulement quelques millénaires.

### Zones habitables

Malgré l'ampleur des études qu'il reste à réaliser, les astronomes impliqués dans SETI veulent les entreprendre pour préciser mieux quelles sont les étoiles cibles qui méritent une attention particulière et prioritaire. Les premiers travaux ont été faits en 1978 par Michael Hart afin de savoir dans quelle plage de distance au Soleil la Terre devait se trouver pour avoir une température telle que l'eau liquide puisse exister à sa surface pendant quatre milliards d'années, condition pour l'apparition de notre type de vie. Le résultat a été surprenant : si notre globe avait été seulement 4 % plus près du Soleil ou 1 % plus loin, nous ne serions pas là, ni sur aucune planète du système solaire. Cette minuscule plage de 5 % constitue ce que Hart appelle la zone d'habitabilité de notre étoile. Ces résultats diminuaient les chances de trouver de la vie terrestre dans le cosmos.

### Le cycle du gaz carbonique

Étant donné l'importance de l'enjeu, les calculs ont été repris avec des modèles d'atmosphère primitive plus sophistiqués où, au départ, la présence de gaz carbonique $CO_2$ et de vapeur d'eau $H_2O$ est mieux prise en compte. Ces deux gaz ayant un rôle important dans l'effet de serre, il faut calculer leur évolution au cours des âges géologiques. Le gaz carbonique effectue un cycle de première importance : les pluies, chargées de $CO_2$, attaquent les silicates de calcium et de magnésium des roches, les transforment en carbonates qui vont se précipiter en épaisses couches de sédiments au fond des océans ; puis la tectonique des plaques les engloutit vers le manteau, où ils fondent, et le $CO_2$ finit par ressortir dans l'atmosphère par l'intermédiaire des volcans. En définitive, il se trouve que notre atmosphère n'a plus beaucoup de gaz carbonique, l'équivalent de

60 bars de pression se trouvant dans le sol. De plus, le cycle du $CO_2$ joue un rôle stabilisateur étonnant dans le climat terrestre : si le rayonnement solaire augmente, la température terrestre augmente, donc l'eau liquide s'évapore davantage et davantage de carbonates sont formés, réduisant ainsi le $CO_2$ atmosphérique et son effet de serre, donc la température baisse à nouveau. Et vice versa.

Les nouveaux calculs montrent que le rayon interne de la zone d'habitabilité descend légèrement, jusqu'à 5 % du rayon de l'orbite terrestre en moins. Pour une couche nuageuse couvrant 100 % du globe, la zone peut le diminuer jusqu'à l'orbite de Vénus. Quant au rayon extérieur, il est déterminé par la condensation du $CO_2$ en glace carbonique dans les zones externes, plus froides, du système solaire ; l'effet de serre ne joue plus et la limite se situe juste avant l'orbite de Mars. On le voit, la situation est beaucoup plus encourageante de ce côté pour les chercheurs SETI !

*L'hypothèse Gaia*

En 1979, J. E. Lovelock a émis l'hypothèse selon laquelle la vie agissait sur le climat terrestre en sorte de pouvoir persister. Cette proposition hardie, appelée hypothèse Gaia, a été mal reçue, mais en définitive elle a trouvé des débuts de confirmation et d'explication. David Schwartzman, du département de géologie et de géographie de l'université Howard, a présenté à Val-Cenis un schéma et des estimations fondées sur le rôle régulateur de la biosphère. Selon lui, l'activité microbienne peut accélérer le cycle du gaz carbonique, essentiellement en structurant finement le sol et en lui donnant un très haut rapport surface exposée/surface de terrain ; au fond, il s'agit d'un labourage naturel, très finement fouillé. Jusqu'à il y a deux milliards d'années, la Terre aurait été encore très chaude, proche de 100° C. Seules des colonies de bactéries thermophiles l'auraient habitée. Les causes de régulation envisagées jusqu'ici ne permettaient pas de descendre vers 50° C, température nécessaire à l'apparition des eucaryotes, et en définitive de l'intelligence humaine. Mais par le labourage géophysiologique créé par ces bactéries primitives, le cycle du $CO_2$ aurait pu être cent fois, et même plusieurs centaines de fois, plus rapide, entraînant une baisse du taux de $CO_2$ et de la température, et ouvrant la voie à une évolution biologique plus avancée. Ce modèle permet d'étendre le rayon externe de la zone d'habitabilité jusqu'à 4 fois celui de l'orbite terrestre, presque jusqu'à Jupiter. Il reste, bien sûr, encore des points obscurs non résolus dans ce schéma, mais il ouvre des perspectives intéressantes.

## *Le cas des planètes martiennes*

Le rôle de l'atmosphère dans la détermination des zones d'habitat a aussi été étudié pour le cas d'une planète plus petite que la Terre, comme Mars. Des différences essentielles peuvent apparaître, non pas véritablement à cause d'une taille inférieure, mais par le fait que la tectonique des plaques n'y existe pas. L'examen détaillé des dizaines de milliers de photographies de la surface martienne prises par les orbiteurs Viking montre qu'aucune plaque ne dérive sur notre voisine. Mars est une planète « à une plaque » ! Sans recyclage, le gaz carbonique de l'atmosphère primordiale a disparu assez vite. D'un autre côté, la géomorphologie indique que de grandes quantités d'eau liquide existaient au voisinage de la surface dans les premiers un ou deux milliards d'années. De plus, au début de l'existence du système solaire, le rayonnement du Soleil n'atteignait que 70 % de son niveau actuel, et Mars, comme la Terre d'ailleurs, n'aurait pas dû avoir d'eau liquide. C'est ce qu'on nomme le paradoxe du Soleil primordial faible. La solution consiste à imposer à l'atmosphère primitive assez de $CO_2$ pour obtenir un effet de serre suffisant. Il faut au moins une pression de 5 bars, contre 6 mb actuellement. Partant de ces prémisses, on trouve que le $CO_2$ de Mars a disparu en moins d'un milliard d'années et que, la température au sol baissant sous 0° C pour s'approcher de la température d'équilibre de − 50° C, l'eau a gelé.

Si l'eau liquide a existé au début sur Mars, la question est donc de savoir si cet état a duré assez longtemps pour permettre l'apparition de la vie. L'exemple des cyanobactéries des stromatolites terrestres suggère que c'est possible. Mais il faut savoir que l'existence de réseaux hydrographiques à la surface de la planète n'implique pas forcément qu'ils soient dus à des pluies au cours de phases d'un climat plus favorable que maintenant ; ainsi les grands chaos, avec leurs écoulements catastrophiques, ne conduisent pas à l'existence de longues périodes clémentes pour la vie.

Si la vie est apparue sur Mars, peut-elle encore trouver des niches écologiques dotées d'eau liquide ? Les lacs gelés des Dry Valleys de McMurdo, dans l'Antarctique, sont des niches écologiques abritant une activité biologique importante ouvrant une perspective. À l'aide de calculs préliminaires, les scientifiques du Ames ont appliqué ce modèle antarctique au cas de Mars ; l'épaisseur de la glace, qui se forme par en dessous et disparaît par le dessus, dépend d'un équilibre entre l'ensoleillement, la conduction de la glace, l'apport des ruisseaux estivaux et la chaleur latente de gel ; estimant, par des modèles, le nombre de jours dans l'année où la température dépasse le zéro, ils trouvent que, sur Mars, ces lacs ont pu persister pendant sept cents millions d'années après que la température moyenne ait chuté sous 0°. Résultat préliminaire, encore une fois, mais encourageant ! Ces calculs, entrepris pour éclairer la question de la vie primitive sur Mars, étendent également la palette des possibilités planétaires, en montrant que même une petite planète, sans tectonique des plaques, peut offrir des possibilités dans d'autres systèmes solaires.

## Autres Soleils

Le programme de la NASA, et la majorité des programmes SETI menés jusqu'ici, visent les étoiles qui « ressemblent le plus au Soleil ». Déjà, suite à des études plus approfondies de leurs orbites, les étoiles doubles ont acquis certains droits. L'immense majorité des étoiles se classent en une suite régulière selon leur masse, qui régit impérativement le taux de leurs réactions nucléaires ainsi que leur température, leur diamètre, leur luminosité et leur durée de vie. La masse définit pratiquement toute la physionomie et toute l'évolution d'une étoile, et ce de façon extrêmement sensible. Si la masse de la plupart des étoiles tombe dans la plage relativement restreinte du cinquième de la masse du Soleil, à 20 fois celle-ci, la durée de vie passe de la dizaine de millions d'années à la centaine de milliards, la luminosité du millième seulement à un million de fois celle du Soleil. Les températures de surface varient moins, de deux à dix mille degrés, assez cependant pour leur conférer des colorations passant du rouge assez profond au bleu léger.

Cette séquence de propriétés est spécifiée par le « type spectral » de l'étoile, codé traditionnellement OBAFGKM. Le Soleil est une étoile jaune de type G, sa masse est égale à $10^{33}$ grammes, sa température 6 000°, son diamètre 1 400 000 km, sa durée de vie 10 milliards d'années. Les étoiles F ne vivent qu'un milliard d'années et, bien qu'ayant de larges zones habitables, puisque leur fort rayonnement agit loin, sont peu intéressantes pour SETI, car la vie avancée n'a pas beaucoup de temps pour se développer. De toute façon, elles sont peu nombreuses. Les plus fréquentes sont les étoiles de type M. Cependant, leurs zones habitables sont très petites, puisqu'elles rayonnent peu ; de plus, des planètes qui se trouveraient dans ces zones présenteraient toujours la même face vers leur étoile, comme la Lune pour nous, par blocage dû à un effet de marée. Un hémisphère serait donc très chaud et l'autre glacé, ce qui entraînerait le gel de leur atmosphère du côté obscur. C'est pourquoi jusqu'à une époque très récente les étoiles cibles étaient de types F, G et K seulement.

*Habitats stellaires*

Cependant, des nouveaux modèles atmosphériques, appliqués à ces planètes bloquées des étoiles M, semblent indiquer qu'une circulation générale peut s'instaurer entre les deux hémisphères, réduire les écarts de températures et permettre l'existence d'eau liquide à leur surface, que la planète soit de type terrestre ou martien. Si ces vues sont confirmées par des études plus poussées, elles permettraient de doubler le nombre de cibles pour SETI. À Val-Cenis, des résultats assez détaillés ont été présentés sur les zones habitables pour des planètes du genre terrestre et des masses d'étoiles allant de 0,5 à 1,25 fois celle du Soleil, prenant même en compte les effets secondaires de l'évolution de la luminosité de l'étoile au cours de sa vie. Ainsi, une étoile de 0,85 masse solaire, a une zone habitable allant de 0,5 à 1 U.A. au début de sa vie, qui, au bout de 10 milliards d'années, à cause de l'évolution stellaire, grandit jusqu'à la plage 1,1-1,5 U.A. Une étoile de 1,25 masse solaire a une zone bien plus grande, débutant dans l'intervalle 1,4-2,5 U.A., pour finir à 2,4-3,3 U.A. à la fin de sa courte vie de quatre milliards d'années.

On peut voir quelles conséquences subirait notre globe, circulant à 1 U.A. de telles étoiles. Autour de la première on débuterait juste au bord interne de la zone habitable, mais, au bout de neuf milliards d'années, il faudrait, à cause de la chaleur, émigrer plus loin, vers des distances martiennes, devenues clémentes. Pour la seconde étoile, la Terre serait invivable au début, mais l'orbite de Mars serait idéale ; pas pour longtemps, car au bout d'un milliard d'années, il faudrait émigrer dans la région des astéroïdes, pour assister, trois milliards d'années plus tard, à la catastrophe finale de l'étoile. La vie n'est pas simple dans le cosmos ; c'est bien pourquoi on a tort, ici-bas, de la compliquer inutilement depuis dix mille ans...

## Habitats inattendus

En plus des zones habitables autour des étoiles, où la présence d'eau liquide éventuelle sur des planètes est régie par leur atmosphère et par l'énergie qu'elles reçoivent de leurs étoiles, d'autres zones sont concevables à partir d'autres sources de chaleur. Le second satellite de Jupiter, Europe, sphère lisse de 3 000 km de diamètre, est probablement entièrement recouvert par une couche d'eau de 50 km d'épaisseur, dont la surface est gelée. On pense que l'eau y est maintenue liquide dans les profondeurs à la suite d'un malaxage gravitationnel, dû à Jupiter et à un effet de résonance orbitale engendrée par Io, le satellite le plus proche. Les marées produites dégageraient assez de chaleur pour garder l'eau en profondeur au-dessus de 0° C. Ces marées sont d'ailleurs si vigoureuses sur Io, qu'elles y produisent un volcanisme actif de composés soufrés tout à fait infernal. Il est possible aussi qu'existent des noyaux de comètes géants où on pourrait trouver encore des poches d'eau liquide.

## Les spires des galaxies

Mais c'est beaucoup plus loin, en dehors de notre système solaire, et même du voisinage des étoiles, que je veux maintenant vous emmener. Cette fois, il s'agit de notre galaxie entière. L'histoire, toute récente, est surprenante. Notre galaxie est formée d'un bulbe central, gigantesque fourmilière d'étoiles très concentrées vers notre « ncyau » galactique, autour duquel circule un disque aplati d'étoiles, de gaz et de poussières interstellaires. Les étoiles sont en révolution circulaire autour du noyau, comme le sont les planètes autour du Soleil, selon les lois de Kepler, tandis que le gaz et la poussière tournent en suivant les lois de l'hydrodynamique, avec des effets de viscosité, de propagation d'ondes, d'ondes de choc.

C'est à ce comportement hydrodynamique que l'on doit l'existence d'ondes de densité, c'est-à-dire de zones où la densité du gaz est plus forte. De plus, ces ondes de densité sont disposées de façon à satisfaire les équations hydrodynamiques qui les localisent le long de deux zones en forme de bras spiraux. Enfin, quand le gaz approche d'une telle zone spirale, il est accéléré par la plus forte densité et provoque une onde de choc qui déclenche dans le gaz la formation d'étoiles nouvelles. Ce sont elles, dont certaines sont extrêmement brillantes, qui, en illuminant les zones spirales, créent ces magnifiques bras faisant de toutes les galaxies spirales les joyaux de l'univers extragalactique.

Belle histoire effectivement. Mais il y a encore mieux, et cela va nous ramener à SETI. Si les lois de l'hydrodynamique imposent que les spires de gaz et de poussières tournent d'un bloc, sans se déformer, à la façon d'un sillage suivant un bateau, à raison d'un tour tous les deux cents millions d'années, les étoiles tournent d'autant moins vite qu'elles sont plus loin, comme le font nos planètes avec des périodes allant de quatre-vingt-huit jours pour Mercure à deux cent cinquante ans pour Pluton. Et voici le fait extraordinaire : le Soleil, situé à trente mille années-lumière du centre, met aussi deux cents millions d'années pour faire son tour galactique, à quelques pour cent près seulement.

*Habitabilité galactique*

Cette coïncidence exceptionnelle a attiré l'attention de L. S. Marochnik et L. M. Mukhin, de l'Institut de recherche spatiale de Moscou, et de B. Balàcs, de l'université Eötvos de Budapest. Lors du symposium de bioastronomie de Balaton, en 1987, ils ont fait part de leurs résultats. Tout d'abord, cela implique qu'une étoile comme le Soleil traverse très rarement un bras spiral. Actuellement, il a dépassé le milieu du parcours entre le bras du Sagittaire et le bras de Persée : il a quitté le premier il y a 4,6 milliards d'années et doit atteindre le second dans 3,3 milliards d'années. Notre système solaire serait donc né dans la zone active de formation d'étoiles du bras du Sagittaire. D'autre part, développant des idées de J. S. Shklovsky, ils pensent que la prochaine traversée de la zone active du bras de Persée amènera notre système à côtoyer des supernovae. Si on s'approche à moins de trente années-lumière de l'une d'elles, le taux de rayons cosmiques sur terre augmentera cent fois, entraînant des doses de radioactivité telles que, en dix mille ans de ce régime, toute la population humaine aura disparu, à moins que son taux de croissance ne soit suffisant pour contrebalancer les morts. Ils estiment qu'au Paléolithique la population doublait en deux cent mille ans, alors qu'il suffit de trente ans actuellement, ce qui permettrait de compenser de futurs effets de supernovae. Par contre, dans un avenir très proche, notre taux de croissance baissera à nouveau, car la population humaine peut difficilement dépasser largement dix milliards d'individus. Conséquence : dans 3,3 milliards d'années, notre civilisation sera détruite.

### La ceinture galactique de vie avancée

Ces résultats amènent donc à penser que seules les étoiles tournant à peu près à la vitesse des bras spiraux peuvent accueillir des civilisations au moins comparables à la nôtre. Les calculs montrent que, pour échapper aux effets dévastateurs de ces traversées de bras spiraux pendant un temps suffisamment long pour que ces civilisations puissent se développer, il faut se trouver dans une zone galactique habitable étonnamment étroite, un anneau large de mille cinq cents années-lumière, situé à trente mille années-lumière du centre. Cette « route des civilisations avancées » ne contient qu'un milliard d'étoiles, dont cent millions seulement peuvent avoir des zones habitables (stellaires) favorables. Ce serait donc uniquement dans cette « couronne de vie » que SETI devrait trouver ses cibles candidates. B. Balàcs a étudié leur distribution sur le ciel ; elle suit la Voie lactée, est maximum tangentiellement à l'orbite galactique du Soleil, est plus faible dans la direction opposée au centre galactique et est nulle vers le centre. Un degré carré contiendrait

1 000 candidats dans le cas favorable, contre 1, ou 0, dans les deux autres.

Ces considérations galactiques, en parallèle avec celles que je propose de fonder sur l'utilisation des pulsars, sont donc essentielles pour l'élaboration des stratégies SETI. De plus, applicables à toutes les galaxies spirales, elles ouvrent des perspectives nouvelles sur les conditions astrophysiques complexes intervenant dans l'apparition et l'évolution de la vie dans le cosmos. Il y a une petite décennie, quand j'ai quitté mon domaine de recherches sur des galaxies très particulières pour me consacrer à SETI, je pensais écrire un article « Sur l'impossibilité de l'apparition de la vie dans les galaxies à grumeaux », car celles-ci sont de véritables nids d'innombrables et mortelles supernovae...

# Chapitre 12

# Le jour du contact

La science est en général bien accueillie dans le grand public, mais elle y rencontre quand même de farouches opposants. En principe, si A = B et si B = C, alors A = C. Tout le monde est d'accord sur un tel « résultat ». Mais la science est une entreprise en marche. Toujours aux frontières du savoir, elle tente de progresser sur un territoire inconnu, dans une brousse inextricable. Les explorateurs, comme tous les humains, sont la proie de préjugés. Souvent aussi, lorsqu'ils tombent sur une cache sensationnelle, ils ne peuvent résister au désir de se l'approprier, parfois trop vite. Et c'est l'erreur.

Aussi est-il de première importance, vu l'enjeu de SETI, qu'en ce domaine aussi les scientifiques exercent sur eux-mêmes une vigilance et une prudence de tous les instants. Souvenons-nous encore de l'affaire CTA 102 : le patron de Nicolaï Kardashev a offert un scoop à la *Pravda* et son effet a été tel que Charles de Gaulle, rencontrant pour la première fois Jean-François Denisse au pied du radiotélescope de Nançay et après s'être renseigné auprès de lui, a trouvé sur le champ l'occasion d'un avertissement politique pour l'administration soviétique destiné à tempérer ses élans. Rappelons-nous aussi du signal reçu des avions U2 par Frank Drake, lors de sa première écoute. Mais cette vigilance doit également s'exercer dans la diffusion de l'information. Gardons-nous de nous prêter aux débats oiseux, aux débats pseudo-scientifiques. Ce sont précisément ces préoccupations qui ont suscité l'élaboration d'un protocole définissant les conditions auxquelles devrait obéir l'annonce publique d'un éventuel « contact ».

*Un signal extra-terrestre appartient à l'humanité tout entière*

Une autre motivation, tout aussi importante, a également joué :
il convient en effet d'éviter toute appropriation d'une telle détection
par des individus ou des institutions. Les scientifiques engagés dans
cette recherche, et tout particulièrement les radioastronomes,
estiment que, si un signal est reçu, il devra, dès sa détection, être
considéré comme partie intégrante du patrimoine culturel de l'humanité tout entière. De plus, un contact, de par son impact, concerne
l'humanité dans son ensemble. Enfin, la mise sur pied d'un protocole d'annonce nous a semblé être un élément moteur pour rallier
l'opinion publique et lui montrer le sérieux et l'intérêt de SETI.

Tout est parti du Comité SETI de l'Académie internationale d'astronautique (IAA), qui a suscité la présentation de réflexions sur la
question, provenant de toutes disciplines : science-fiction, sociologie,
droit, politique. Publiées dans un volume d'*Acta Astronautica*, ces
contributions traitent de la réception et de la vérification d'un
signal, puis de l'annonce et de son impact, enfin des aspects légaux
de ce contact. Elle termine par la question de savoir qui parlera
pour la Terre. Après plusieurs versions préliminaires, un texte a
été adopté par l'IAA et l'Institut international de droit spatial en
1989, par la Commission de bio-astronomie de l'Union astronomique internationale (UAI) en 1991, et par le Comité de recherche
spatiale (COSPAR) et l'Union radioscientifique internationale. Cette
déclaration a des points communs avec celle qui régit la protection
des planètes, introduite par le COSPAR en 1984. L'évolution de notre
texte s'est aussi inspirée du Traité sur l'exploration et l'utilisation
de l'espace, qui engage les États membres à « informer le Secrétaire
général des Nations-Unies, aussi bien que le public et la communauté scientifique internationale, sur la nature, la conduite, les
lieux et les résultats de leurs activités dans l'exploration spatiale ».

Voici le préambule de la Déclaration SETI : « Nous, institutions
et individus participant à la recherche d'intelligence extra-terrestre.

Reconnaissant que la recherche d'intelligences extra-terrestres
est une partie intégrante de l'exploration spatiale et est entreprise
dans des buts pacifiques et dans l'intérêt commun de toute l'humanité,

Inspirés par la signification profonde pour l'humanité de la détection de preuves de l'existence d'intelligence extra-terrestre, même si la probabilité de détection peut être faible [...]

Reconnaissant qu'une détection initiale peut être incomplète et ambiguë et requiert alors un examen minutieux et aussi confirmation, et qu'il est essentiel de maintenir les plus hauts niveaux de responsabilité et crédibilité scientifiques,

Sommes d'accord pour [...] »

Suivent plusieurs points relatifs à la vérification par le découvreur, puis par les parties signataires, avec l'établissement d'un réseau pour le suivi continu du signal candidat, avant toute annonce publique, sauf aux autorités nationales du découvreur ; enfin, en cas de signal crédible, à l'annonce aux autres observateurs, au Secrétaire général des Nations-Unies et à diverses Unions scientifiques internationales, et en cas de confirmation, à la dissémination de l'information par tout canal scientifique et par les médias. Le suivi, le stockage et la diffusion des signaux reçus, leur protection contre les parasites et leur étude continue par le Comité SETI de l'IAA, en coordination avec la Commission de bio-astronomie de l'UAI, sont également examinés, tout comme la création d'un comité international pluridisciplinaire pour servir de point focal à l'analyse et la diffusion publique à plus long terme. Enfin, il est prévu que le découvreur ait le privilège de faire la première annonce publique. Aucune réponse ne sera envoyée *a priori* et l'IAA sera le dépositaire de la Déclaration. Telles sont les grandes lignes présentées au symposium de Val-Cenis, en 1990, par les trois principaux instigateurs, J. Billingham, M. Michaud, conseiller scientifique et technique de l'Ambassade américaine à Paris, et J. Tarter, suite à leur coopération avec des collègues provenant de nombreux pays : Argentine, Autriche, États-Unis, France, Italie, Pays-Bas, Pologne, Tchécoslovaquie.

*Le point de vue des médias et des scientifiques*

On peut juger cette initiative prématurée, tant la probabilité de détection de signaux est faible. Après tout, ne sera-t-il pas temps de réagir sur le moment ? Une trentaine de journalistes scientifiques américains de haut niveau ont été interrogés en 1987 par Andrew

Fraknoi, directeur exécutif de la Société astronomique du Pacifique. Tous considéraient qu'un contact avec une civilisation extra-terrestre constituerait l'événement scientifique le plus important de notre époque. Un tiers pensait qu'ils apprendraient la nouvelle par une conférence de presse ou par la rumeur, et estimaient qu'il sera difficile de la contrôler. Leur confiance dépendrait de la réputation de l'annonceur ; ils chercheraient à la comparer à la découverte des pulsars, à contacter l'annonceur et ses collègues, Sagan et Drake en tête, et s'ils n'y arrivaient pas, à recourir à des théologiens, à des leaders politiques, à la Maison Blanche.

Dans cette circonstance, les méthodes en usage en matière de communication scientifique habituelle ne pourraient fonctionner : trop lentes à réagir, elles se verraient vite dépassées par la panique générale, la précipitation et le sensationnalisme. C'est pourquoi ces journalistes ont clairement exprimé leur désir de voir l'information distribuée le plus largement et le plus équitablement possible, selon des stratégies préparées à l'avance. C'est la seule manière de diffuser une information responsable.

Les chercheurs eux-mêmes vont dans le même sens. Dans une enquête plus large, Donald Tarter, professeur au département de sociologie de l'université d'Alabama à Huntsville, a adressé aux médias scientifiques et aussi aux chercheurs SETI de vingt pays différents, 300 questionnaires pour évaluer leur perception de l'importance, du niveau d'information et de la crédibilité de SETI, et pour juger des stratégies d'annonce. Il conclut ainsi : « La découverte d'intelligences extra-terrestres marquera l'entrée dans un nouvel âge de la compréhension humaine du cosmos. Elle peut conduire à une révision complète de notre place dans l'univers et de la nature de la vie en tant que processus naturel d'évolution. Une recherche systématique peut prendre des décennies ou des siècles avant qu'une évidence d'intelligence extra-terrestre ne soit trouvée. En vérité, nous ne sommes pas assurés que l'objet de nos recherches existe, donc elles peuvent ne jamais réussir. D'un autre côté, nous devons être préparés au cas où la découverte d'intelligences extra-terrestres serait faite à une époque rapprochée. »

Pour les chercheurs et les médias, SETI est l'un des plus importants projets de l'histoire des sciences. Son impact surpasse, dans le domaine spatial, celui d'une mission sur Mars, d'une base lunaire, d'une station orbitale. Pourtant, cette extraordinaire aventure est souvent mal considérée aussi bien par les scientifiques engagés dans d'autres voies, que par les instances politiques, sans parler du grand public, qui n'a la plupart du temps pas conscience du sérieux, de la rigueur, du scrupule, de la méticulosité, de l'esprit critique, qui animent cette entreprise.

À propos du renom historique qu'acquerra le premier découvreur, les chercheurs semblent assurés que le sang-froid et l'analyse critique prévaudront contre la hâte. De toute façon, en pratique, c'est l'ordinateur SETI qui signalera les alertes et il est probable que, suite à tous les tests initiaux nécessaires pour y reconnaître, par un processus progressif, la bonne alerte, plusieurs scientifiques de plusieurs observatoires seront globalement impliqués. De bons exemples sont donnés par les physiciens, qui utilisent des instrumentations bien plus conséquentes ; l'annonce de la découverte des bosons intermédiaires a été signée par des dizaines de noms.

D. Tarter propose l'établissement d'un Comité de vérification, massivement bien accueilli. Il aiderait à l'interprétation et à l'analyse de toute annonce. Dans cette perspective, j'ai proposé la création d'un réseau global SETI, qui pourrait servir de base technique pour ce comité. D. Tarter a aussi analysé les réactions vraisemblables du public. À nouveau viennent en premier un intérêt et une excitation immenses. Suivent, à un niveau assez prononcé, les on-dit, la confusion et l'incrédulité. La peur et le choc provoqués par le contact apparaissent en dernier. Le sondage met en évidence la possibilité de réactions de colère et d'exploitations douteuses par des groupes comme « les cultes ovni, les fanatiques religieux et jusqu'à des entreprises commerciales [...]. Le Comité permettrait d'éviter des conséquences indésirables et peut-être dangereuses », conclut D. Tarter. Selon Alain Cirou, directeur de la rédaction du mensuel *Ciel & Espace*, « le JPL avait institué pour les vols de Voyager une communication exemplaire [...]. Chaque jour, une conférence de presse réunissait l'ensemble de la presse et des intervenants scientifiques. Tout le monde acceptait que tout ne soit pas dit, ne soit pas montré. Mais le rendez-vous était fixe, crédible, " officiel " sans être accablant... Des photos, un communiqué étaient distribués. Une vraie " communication de crise " ». Et de conclure : « La communication SETI sera une communication de crise et devra en adopter les méthodes. Autant les étudier. »

*Fait naturel ou fait artificiel*

Pour donner une idée de l'exigence de la science, on peut se référer par exemple aux jugements de justice. Sans des processus aussi sérieux, la science n'aboutirait à rien ; elle ne serait qu'une suite incohérente de rumeurs. À ce propos, la confusion entre SETI et les ovnis est catastrophique. *A priori*, les bio-astronomes pensent que les voyages intersidéraux d'objets matériels sont possibles et que certains pourraient naviguer en vue de nos observateurs. Le concept d'ovni ne doit pas être rejeté systématiquement. Mais il est indéniable qu'aucun cas sérieusement documenté n'existe à ce jour. Les témoignages rapportés sur les ovnis ne sont que des témoignages et il y a une différence énorme entre un témoignage, quelle que soit la bonne foi du rapporteur, et une observation scientifique.

Peut-être le succès des ovnis est-il dû en partie à la facilité avec laquelle se propagent les rumeurs. Un psychologue du Fichburg State College, dans le Massachusetts, considère les rumeurs comme des virus opportunistes de l'information, qui prolifèrent grâce à l'anxiété qu'ils engendrent eux-mêmes et aux mutations qu'ils effectuent pour s'adapter à de nouvelles situations ; certaines rumeurs peuvent ainsi perdurer des siècles, en changeant tout simplement de cible. Les ovnis seraient-ils une de ces rumeurs, brouillant les eaux troubles de l'inconscient, inquiet sur sa place dans l'univers, son origine et son destin, se mêlant à la foule des visions qui hantent nos esprits depuis des millénaires ? Quoi qu'il en soit, si un seul cas d'ovni était solidement établi, il ferait partie du patrimoine scientifique de tous les chercheurs du monde.

Une discussion récente au symposium de Val-Cenis donne un éclairage intéressant sur l'attitude des scientifiques à propos des ovnis. Elle portait sur la question de savoir ce que l'on entend par artificiel et par naturel dans le contexte SETI. On désirait aussi analyser notre attitude vis-à-vis de l'évaluation de tels signaux, en particulier dans la filière soviétique de recherche de signaux pouvant provenir d'astro-ingénierie extra-terrestre.

Dans les débuts, sous l'influence de Shklovsky, un des premiers astrophysiciens soviétiques à promouvoir SETI, l'attitude était de considérer l'hypothèse d'une origine artificielle seulement après avoir réfuté toutes les hypothèses naturelles. C'était l'attitude de présomption de « naturalité », prouvant une grande honnêteté à ne pas vouloir biaiser les recherches en faveur de civilisations extra-terrestres, très mal admises à cette époque. Dans une discussion de Val-Cenis, au contraire, l'astronome ukrainien V. V. Rubtsov a donné statuts égaux aux aspects naturel et artificiel à propos de la fameuse explosion qui, en 1908, a couché les arbres sur des dizaines de kilomètres dans la taïga sibérienne de la rivière Tunguska.

Pendant quarante ans, l'explication dominante a été celle de la chute d'une grosse météorite, dont il fallait alors, rigueur scientifique oblige, rechercher les débris, enfouis dans les marais locaux. En 1946, un ingénieur et écrivain de science-fiction soviétique a proposé l'hypothèse qu'un désastre aurait frappé, en fin de course, un vaisseau spatial nucléaire en altitude, et qu'il fallait donc chercher des traces radioactives. Puis, en 1958, une expédition de l'Académie des sciences soviétique a montré que l'explosion avait eu lieu dans la haute atmosphère, et qu'il ne s'agissait pas d'une météorite normale. Enfin, en 1961, l'hypothèse d'une explosion thermique d'une petite comète, sous l'effet du freinage dans l'atmosphère, a pris corps, tandis qu'en 1975, aucune trace radioactive provenant de fission, fusion ou annihilation n'étant détectable, l'hypothèse d'une explosion nucléaire se restreignait à une explosion exotique. Pour essayer de progresser, on a introduit en 1966 le scénario d'un changement de trajectoire en fin de vol : le vol était est-ouest, en accord avec l'analyse des arbres couchés, tandis que des témoignages de l'époque, récoltés en 1920 de façon moins bien conduite, suggèrent une arrivée du sud ou sud-est. Enfin, l'arrivée par l'est a été rapportée par d'autres témoignages jusqu'à 1 000 km de distance.

Que conclure de tout cela ? On constate d'abord que les scientifiques ne sont pas opposés par principe aux ovnis. Ce cas, on le voit, rappelle, en beaucoup de points, les enquêtes judiciaires et est assez bien documenté ; malgré cela, le jury ne peut prononcer un jugement, bien que, probablement, il pencherait pour l'explication « naturelle » : un morceau de comète d'un million de tonnes a frôlé l'atmosphère terrestre et s'est évaporé de façon explosive à 8 km d'altitude, tout naturellement...

Voici un autre cas, plus récent. Le 26 janvier 1992, au petit matin, deux astronomes de l'European Southern Observatory, A. Smette et O. Hainaut, terminaient leur nuit d'observation à la Silla : « Nous quittions la coupole et regardions la belle aurore dans le ciel oriental au-dessus des Andes. Nous voulions voir toutes les planètes visibles dans cette partie du ciel [...] C'est Alain qui le premier remarqua un objet brillant, diffus, vers le sud-est, se déplaçant vers le nord, à 15° au-dessus de l'horizon. Nous l'avons suivi trois minutes, sur 20°, avant qu'il ne se perde dans le ciel de plus en plus clair [...] Aux jumelles, il présentait une condensation brillante, entourée d'une nébulosité ronde, large de 2°. » Ils excluent un satellite, un avion, un météore, un nuage de baryum ou de lithium. « En pesant toutes les observations, nous penchons plutôt pour un objet naturel passant très près de la Terre, par exemple un très petit noyau de comète, bien que nous n'excluions pas entièrement qu'il puisse avoir une origine artificielle. »

Une photographie posée vingt secondes montre bien la traînée. Notons que ces astronomes ne sont pas fermés à des possibilités variées, mais, connaissant leur métier d'observateurs du ciel, ils ne se hasardent pas à estimer la distance, au contraire de la majorité des ovnistes, dont c'est en général l'erreur irrémédiable. Smette et Hainaut ont envisagé beaucoup de possibilités, depuis un avion volant à quelques kilomètres jusqu'à une comète se déplaçant à des dizaines de milliers de kilomètres. Selon la vraie distance, inconnue, l'objet, dont on ne connaît que le diamètre apparent, pourrait avoir une taille réelle allant de 100 m à 1 000 km. Différences primordiales si l'on voulait essayer de tirer des conclusions, prématurées, sur la nature de... l'ovni !

Quoi qu'il en soit, le tort créé à SETI par la confusion avec l'étude des objets volants non identifiés est considérable. C'est ainsi qu'en 1990, aux États-Unis, la Chambre des Représentants a voté un amendement réduisant les crédits alloués à ce projet à la suite d'un discours enflammé d'un élu : selon lui, l'Amérique ne devait pas dépenser de précieux dollars pour rechercher les petits hommes verts. Il ajoutait que refuser ces crédits prouverait qu'il y a encore de la vie intelligente sur Terre. Sinon, ce n'est pas SETI qu'il faudrait financer, mais SCI : *Search for Congressional Intelligence*. Une déclaration du SETI Institute a dû remettre les choses en place et dissiper les équivoques. Heureusement, le Sénat a rétabli les crédits demandés par le président des États-Unis. C'est peu de dire qu'il est vital, à la fois pour la recherche scientifique sérieuse et pour l'information saine du grand public, que la frontière soit nettement tracée entre SETI et les ovnis.

*Répondre et dialoguer ?*

La proposition 8 de la Déclaration SETI stipule qu'« aucune réponse à un signal ou autre évidence d'intelligence extra-terrestre ne devra être envoyée avant la tenue de consultations internationales appropriées. Les procédures pour de telles consultations seront le sujet d'un accord, déclaration ou arrangement séparés ». Le premier à avoir soulevé le problème d'une réponse éventuelle dans les cercles officiels a été Donald Goldsmith, directeur de Interstellar Media, à Berkeley. Au symposium de Balaton en 1987, il a présenté un travail intitulé « Qui parlera au nom de la Terre ? ». La même année, G. C. M. Reijnen, de la faculté de droit de l'université d'Utrecht, présentait ses vues sur les éléments de base d'une réponse.

Pour beaucoup de personnes peu informées sur SETI, cette préoccupation semblait, et semble encore, très prématurée. Pourtant, une réponse ayant auparavant reçu l'accord d'une portion, même restreinte, de notre société, aura plus de chances d'être prise au sérieux. Pour susciter un dialogue bilatéral avec des extra-terrestres, il faut une première réponse claire, intelligible et intéressante pour l'autre civilisation, plutôt qu'un message peu intense, embrouillé et confus.

Mais peut-on envisager un dialogue, alors que, si un message provient d'un astre à cent années-lumière, il faudra deux cents ans pour un aller-retour ? Pourquoi pas, car, à l'échelle galactique, il faut avoir des vues larges. Ne sommes-nous pas toujours intéressés par Homère après deux mille ans ? Homo Erectus n'est-il pas un exemple de civilisation ayant duré un million d'années et, sans aller si loin, les Magdaléniens, ces artistes de haut niveau, n'ont-ils pas régné dix mille ans ? Si on s'élève au-dessus de la courte vie humaine, il n'est donc pas déraisonnable d'envisager des dialogues interstellaires la dépassant largement.

Au cours de ses premières années, SETI peut capter des signaux venant de distances modestes à l'échelle de notre galaxie, mais correspondant à des temps de trajet allant de moins d'un siècle à la centaine de siècles (dans le mode balayage du ciel) accessible à des individus ou des civilisations de durée magdalénienne. Si nous désirons entretenir le dialogue, nous serons, selon D. Goldsmith, en compétition avec bien d'autres « correspondants » qui auront déjà été contactés par la civilisation émettrice. Une réponse mal préparée aura peu de chance d'inciter à une communication soutenue. Notre première réponse peut avoir un rôle décisif dans la poursuite d'un dialogue ; il faut que nous ayons le bagage le plus intelligent possible à proposer, ce qui ne peut se faire dans la confusion.

Du côté technique, dès la réception, nous connaîtrons la fréquence utilisée, sa largeur de bande, la direction, probablement la distance par des moyens astrophysiques, donc la puissance émettrice, et peut-être aussi le type de codage utilisé. Ces informations seront utilisées au mieux par les techniciens pour l'envoi d'une réponse. Les messages déjà émis par le radar planétaire d'Arecibo nous ont ouvert la technologie nécessaire. Quant à l'ampleur du contenu informatif à transmettre, elle ne présente pas de difficulté ; en quelques secondes il est possible de transmettre la totalité d'une encyclopédie comme l'*Encyclopaedia Universalis*, texte et illustrations comprises.

D. Goldsmith reconnaît qu'il sera difficile d'obtenir un accord général sur le contenu de la réponse, mais comme la quantité d'information n'est pas vraiment limitée, on « pourra satisfaire les désirs de presque tout le monde d'inclure des sujets très spécialisés sans intérêt général sur Terre (et même n'importe où ailleurs dans la Voie lactée) ». Les vrais problèmes « résident dans l'entrain à censurer provenant de certaines fractions de notre culture [...], comme des tentatives de la part de religions organisées de présenter leur théologie comme des vérités humaines, ou de la part de gouvernements de s'engager dans des exercices similaires. [...] Bien qu'il puisse sembler légèrement arrogant pour la communauté scientifique, continue-t-il, de prendre sur elle de faire un projet de réponse (dans une société mieux organisée, ce rôle devrait retomber sur un comité gouvernemental en charge des projets SETI), étant donné l'état actuel de notre culture, il paraît raisonnable − au moins aux scientifiques − que ce projet initial de réponse émerge de discussions scientifiques. » Et il propose que la Commission de bio-astronomie de l'UAI se charge de ce projet.

Mais ce n'est qu'en 1991, à son Assemblée générale de Buenos Aires, que l'UAI a pu reconnaître la Déclaration SETI. Entre temps, le Comité SETI de l'IAA, fidèle à son esprit pionnier, a pris l'initiative, lors du Forum de 1990 à Dresde. Michael Michaud, John Billingham et Jill Tarter ont rédigé un premier projet de Papier Blanc intitulé « Une Réponse de la Terre ? ». Selon ce texte, une réponse doit être exprimée au nom de l'humanité entière ; la décision de répondre ou non doit être prise par un corps international approprié et le contenu de la réponse doit refléter un consensus international. Le poids potentiel de la réponse est tel que « beaucoup des points ne sont pas, en premier, de nature scientifique : ils sont sociaux, philosophiques et politiques. Ils impliquent la loi spatiale et la loi internationale. Ils sont donc plus du ressort des Nations-Unies que des sociétés scientifiques ou spatiales ».

Sous l'impulsion d'un sous-comité formé à cette occasion à partir de membres du Comité SETI (comprenant six Américains, un Argentin, un Français, un Polonais et un Tchécoslovaque), ce projet sera perfectionné, puis examiné par l'Institut international de droit spatial et la Commission de bio-astronomie, puis transitera vers les Nations-Unies par le canal du Comité sur les utilisations pacifiques de l'espace extérieur.

Dans la conclusion de son rapport, J. Billingham ouvre de vastes horizons : « Par des échanges de messages avec une autre civilisation, les générations successives de l'humanité peuvent gagner les richesses de nouvelles connaissances, depuis la compréhension du passé et du futur de l'univers jusqu'aux théories physiques des particules fondamentales dont il est fait, et jusqu'à de nouvelles biologies. Nous pouvons converser avec de lointains et vénérables penseurs sur les valeurs les plus profondes d'êtres conscients et de leurs sociétés. Nous pouvons même nous lier à un vaste réseau de civilisations extra-terrestres possédant des cultures inimaginablement riches. »

Sans voir aussi loin, des vues immédiates peuvent déjà, suivant Vladimir Kopal, homme de loi de la division des Affaires de l'espace extérieur aux Nations-Unies, encourager l'humanité dans son périple : « L'élaboration des principes et règles destinées à gouverner les relations entre la communauté internationale de notre propre planète avec d'autres communautés intelligentes dans l'univers ajoute une dimension nouvelle au corps actuel du droit de l'espace extérieur. En même temps, cette approche nouvelle peut exercer une influence bénéfique sur les relations entre les nations et les peuples de la planète Terre. »

*Épilogue*

# Destins terrestres
# et perspectives cosmiques

Il est indéniable que la découverte du Nouveau Monde par Christophe Colomb a changé nos perspectives d'habitants du Vieux Monde. Même si, il y a deux mille ans, certains Grecs savaient pertinemment que la Terre était ronde, qu'elle était un globe de 10 000 km de diamètre flottant dans l'espace ou reposant immobile au centre du cosmos, même si les Vikings ont précédé là-bas d'un demi-millénaire l'illustre flottille de la Santa Maria, même si les navigateurs éduqués et bien au fait de leur métier savaient qu'en allant vers l'ouest on reviendrait par l'est. Tant que la chose n'a pas été démontrée d'un point de vue pratique, elle ne pouvait être qu'une supposition intéressante et stimulante pour l'esprit. Tout au plus une hypothèse de travail, comme celle qui est à la base de SETI : oui, d'autres Nouveaux Mondes existent probablement au-delà des océans cosmiques. Perspective extraordinaire. Mais tant que nous n'aurons pas reçu de signal, en retour de nos investigations télescopiques, nous ne basculerons pas, corps et âme, dans la vision universelle d'un Cosmos Global, comme Colomb nous a fait transiter vers la vision universelle d'une Terre Globale.

Si la découverte de 1492 a ouvert des horizons nouveaux aux Occidentaux, elle a aussi amené la destruction quasi complète de la civilisation et des êtres que le Nouveau Monde abritait. Résisterons-nous à la tentation de nous laisser aller une nouvelle fois à ce genre de comportement ? Puisse la commémoration de la découverte de l'Amérique contribuer à un renouveau fraternel et inviter, pour l'avenir, au respect de toutes les formes de vie.

Notre comportement destructeur aurait ses origines au début de l'ère néolithique, il y a une dizaine de milliers d'années. Il ne serait donc pas dû à des facteurs physiologiques, Homo Sapiens n'ayant pas franchi un seuil évolutif particulier à cette époque. Par contre, il a inventé l'agriculture et l'élevage, et a commencé à faire des réserves alimentaires. La croissance démographique s'est amplifiée, conduisant à des voisinages plus serrés, faisant disparaître la dispersion protectrice antérieure des familles ou tribus. Quoi de plus « naturel » alors pour cet être irréfléchi que d'attaquer et de tuer ses voisins pour s'emparer de ses stocks ?

Henri de Lumley, professeur au Muséum d'histoire naturelle et directeur de l'Institut de paléontologie humaine à Paris, note : « Avec la sédentarisation, l'agriculture et l'élevage, l'accumulation de biens apparaît ainsi que son corollaire : la convoitise. L'Hypogée de Roaix, dans le Vaucluse, avec sa " couche de guerre ", illustre bien ce phénomène [...]. Cet extraordinaire empilement de squelettes en parfaite connexion anatomique autorise cette hypothèse, les corps ayant visiblement été déposés en même temps. Cette supposition est étayée par la présence de plusieurs flèches encore figées dans les os... La disposition des squelettes est assez anarchique, hommes, femmes, enfants sont mêlés et empilés sans ordre, souvent têtebêche. » Ce massacre sans discrimination date de deux mille ans avant J.-C., en plein Néolithique. Notre comportement catastrophique est donc très récent.

En dix mille ans, les progrès de la technologie humaine ont été foudroyants. Alors qu'en principe ils auraient pu, de façon tout à fait réaliste et pratique, être utilisés pour uniquement améliorer notre condition, ils ont malheureusement été mis au service de notre politique de pillage. À tel point que le globe entier est maintenant menacé de ruine. Est-ce dans l'ordre des choses ? Ce comportement terrible qui caractérise l'humanité depuis le Néolithique n'est-il qu'un aspect particulier du destin général de l'univers ? La plus récente et la plus gigantesque histoire de destruction du cosmos pourrait nous le faire croire. La voici.

Le télescope spatial Hubble est le premier d'une série de plusieurs observatoires astronomiques spatiaux que la NASA, en maître d'œuvre principal, destine à l'étude astrophysique de l'univers. Si le premier instrument n'a pour l'instant pas encore donné satisfaction, le second par contre est un succès. Il s'agit de l'Observatoire Compton, du nom du grand physicien, destiné à observer en orbite les rayons gamma provenant de l'univers. Lancé en 1991 par la navette spatiale, atteignant une masse de 13 tonnes, supérieure à celle de Hubble, il porte à son bord le BATSE (Burst and Transient Source Experiment), expérience pour mesurer les sursauts et les sources transitoires de rayons gamma, ces photons bien plus énergiques que les rayons X.

Voici des années que, de temps en temps, on observe de brèves bouffées de ces rayons ; elles ne durent que quelques secondes, mais sont extrêmement puissantes. Elles proviennent de directions encore bien mal définies, mais on pensait qu'elles étaient un peu plus concentrées dans la direction de la Voie lactée et qu'elles pouvaient être émises par des étoiles très spéciales appartenant à notre galaxie. Certains avaient même imaginé qu'elles étaient dues à la chute de comètes sur leur étoile centrale devenue étoile à neutrons, libérant d'un coup une énorme énergie gravitationnelle, dont une partie pouvait se retrouver sous forme de rayons gamma. Mais BATSE, après avoir balayé tout le ciel, vient de livrer ses premiers résultats. Lors de la Conférence européenne pour l'Année spatiale internationale, tenue à Munich en avril 1992, G. J. Fishman, du Laboratoire de science spatiale de la NASA, à Huntsville, nous a dit, qu'à raison d'un par jour en moyenne, le puissant détecteur a collecté 300 sursauts gamma. Le plus surprenant est que leur distribution sur le ciel semble tout à fait isotrope ; elle n'a plus tendance à suivre la Voie lactée, et on en trouve autant dans toutes les directions. On ne peut plus situer l'origine de ces sursauts dans le corps de notre galaxie. Ou bien ils proviennent d'astres très proches de nous et sont alors distribués sur le ciel isotropiquement, comme le sont les étoiles du voisinage immédiat du Soleil, ou bien ils proviennent de très loin dans l'univers extragalactique, et sont, là aussi, répartis régulièrement.

L'enjeu est considérable, car si les astres d'origine sont proches, leur puissance intrinsèque est modeste, mais s'ils sont à des distances extragalactiques, ils rayonnent des énergies considérables, à un taux inconnu jusqu'ici, trahissant l'existence de violents processus astrophysiques nouveaux. Cette alternative a été tranchée : les directions ne semblaient pas associées à celles de galaxies voisines, bien connues. De plus, en recourant à des méthodes de comptage en fonction de l'énergie reçue, comme on l'avait fait il y a bien longtemps pour les puissantes radiosources découvertes aux débuts de la radio-astronomie, il ressort que les astres dont proviennent les sursauts gamma sont à des distances comparables à celles des quasars, c'est-à-dire à des milliards d'années-lumière.

Leur énergie intrinsèque est alors si grande, et la durée pendant laquelle elle est libérée si brève — certains sursauts durent moins d'un centième de seconde — qu'une des explications possibles proposées est que ces sursauts proviennent de la chute d'étoiles à neutrons dans des trous noirs ! Quand on pense qu'une étoile à neutrons et un trou noir sont l'aboutissement catastrophique de la vie des étoiles, et que ces deux résidus se combinent pour donner un résidu encore plus final dans une catastrophe encore plus irrémédiable, on obtient une vision peu optimiste du destin ultime qui attend notre univers. Faut-il penser alors que nos catastrophes humaines sont dans l'ordre des choses ?

Pas nécessairement. Une suite prodigieuse de « miracles » a en définitive permis à l'homme d'émerger et de développer son intelligence. Pour en arriver là, nous avons constamment été menacés, ou bien pis que cela, complètement ignorés du cosmos. Mais il s'est trouvé, chaque fois, des situations favorables qui, en infléchissant le destin de l'univers, ont fait qu'en définitive nous sommes là. Nous sommes en plein cœur de ce que l'on nomme le principe anthropique, énoncé à l'origine et de façon correcte par Brandon Carter, directeur de recherches du CNRS à l'Observatoire de Meudon.

Ce principe a rapidement été amplifié, déformé et utilisé à des fins téléologiques : on en est venu à prétendre que ce gigantesque cosmos a évolué au cours de temps immenses en sorte que l'homme apparaisse. C'est évidemment fort présomptueux, même si on en rejette la responsabilité sur un être imaginaire infiniment puissant. De plus, rien ne corrobore cette interprétation tendancieuse. Le vrai principe anthropique est bien plus modeste : si l'univers semble avoir évolué en sorte que nous existions, c'est uniquement parce que nous existons. S'il ne l'avait pas fait, nous ne serions pas là et nous ne pourrions pas constater que le cosmos aurait pu évoluer d'une autre façon, défavorable en particulier. Le principe n'est plus qu'un fait observationnel, un effet de sélection même, simple et sain, qui remet les choses en place. Il met en lumière une forme de finalité interne au cosmos, mais reconstruite après coup et nullement déterministe.

En effet, il n'interdit pas de penser à une multiplicité d'évolutions possibles pour le cosmos. Notre cosmos, celui qui a été tel que nous puissions exister, ne serait qu'un cas possible entre bien d'autres. C'est pourquoi, au cours de ce livre, j'ai bien souvent employé l'expression « notre univers » au lieu de « l'univers ». Ce qu'il y a de remarquable dans les développements récents de la théorie du

*Big Bang*, dite du *Big Bang* chaotique, c'est qu'ils laissent ouverte la possibilité d'un ensemble indéfini de cosmos différents, avec des propriétés différentes, des évolutions différentes, des destins différents. On peut très bien concevoir que, dans leur immense majorité, ces cosmos sont impropres à l'émergence d'intelligences capables de s'étonner de leur univers, de croire que le leur est le seul, et d'en déduire, de façon erronée, que cet univers a évolué en sorte que cette intelligence apparaisse. Dans cette conception, le véritable univers serait l'ensemble indéfini de tous ces cosmos différents.

Certains pensent trouver dans l'exploitation finaliste du principe anthropique l'espoir qu'en définitive, le cosmos œuvre pour nous : les catastrophes humaines de ces dix mille dernières années ne seraient pas dans l'ordre des choses. À mon sens, il vaut mieux ne pas se leurrer. D'ailleurs, l'optimisme à long terme n'est pas interdit, comme le suggère le physicien Freeman J. Dyson, esprit fertile qui a longtemps travaillé au célèbre Institut d'études avancées de Princeton. Il est le père du plus long temps jamais considéré en physique : 10 puissance 10 puissance 76 ans. C'est un nombre d'années tellement grand que pour l'écrire il faudrait 1 suivi d'autant de zéros qu'il y a de protons dans les milliards de galaxies observables. Si à cette époque extrêmement lointaine dans le futur, notre univers existe encore, il y aura longtemps que les trous noirs se seront évaporés en pures radiations par le processus de Hawking, qui, lui, ne nécessite « que » $10^{100}$ ans.

À l'« âge de Dyson », le cosmos ne sera plus qu'un espace en expansion, froid, chichement parsemé de rares photons, de neutrinos et de quelques autres particules encore plus rares. Les lois de la physique actuellement connues ouvrent la possibilité d'une activité d'une richesse illimitée : toujours il y aura quelque chose de nouveau à découvrir. « J'ai trouvé un univers grandissant sans limites en richesse et en complexité, écrivait Dyson, un univers de vie persistant pour toujours et le faisant savoir à ses voisins par-delà des étendues inimaginables d'espace et de temps [...] Il y a de bonnes raisons scientifiques pour considérer sérieusement la possibilité que la vie et l'intelligence réussissent à modeler cet univers selon ses propres buts. » Ces vues, bien que du domaine du possible, ne sont que des spéculations ; mais elles ont le mérite de nous permettre de penser que tout n'est pas perdu et de caresser l'espoir d'effectuer un renversement de notre comportement destructeur.

** **

La jeune bio-astronomie fête ses dix ans cette année. C'est à Patras, en 1982, sous le bleu d'un ciel grec estival, face à la mer azurée, qu'est née officiellement la Commission 51, sous la présidence de Michael D. Papagiannis. Depuis, la bio-astronomie a reconnu et défriché un vaste territoire, où l'on se perd encore, mais où pourtant des contrées ont été découpées, des étapes et des jalons marqués, des hypothèses raisonnables formulées.

Vers quelles découvertes allons-nous ? Arriverons-nous à fabriquer la molécule organique qui s'autoreproduit ? Découvrirons-nous une vie fossile sur Mars ? Capterons-nous un signal artificiel ? Trois questions qui rappellent l'importance des trois piliers qui ont permis la naissance de la bio-astronomie : la biophysique macromoléculaire, l'exploration spatiale et la radio-astronomie. Mais il est bien d'autres points en suspens : trouvera-t-on une véritable planète de type terrestre autour d'une étoile, des acides aminés dans l'espace interstellaire, ou de l'adénine sur Titan ? Construira-t-on des récepteurs avec des milliards de canaux d'écoute simultanés ? Rapportera-t-on des échantillons de sol cométaire dans nos laboratoires ? Saura-t-on si la vie a trouvé refuge dans les fonds océaniques lors de la phase finale du bombardement primordial ? Réussirons-nous à gérer convenablement l'annonce de la découverte d'un éventuel signal ?

À plus long terme, dans une vision plus profonde et plus fondamentale encore, arriverons-nous à dénouer les tours et les détours que les évolutions du cosmos, de la vie et de l'intelligence ont empruntés pour en arriver là où ils sont, après quinze milliards d'années ? Serons-nous capables de repérer et d'évaluer les écueils incroyables que ces évolutions ont dû contourner pour produire un si extraordinaire univers ? Y en a-t-il d'autres, en nombre indéfini, moins chanceux et moins réussis, pour compenser notre réussite ? Et surtout, y en a-t-il d'autres largement supérieurs au nôtre ?

Sans aller déjà à la recherche d'univers parallèles, posons-nous la question de savoir si, dans le cosmos dont nous disposons, avec ses cent milliards de galaxies, il existe des intelligences supérieures à la nôtre. Avec SETI, fondé sur la bio-astronomie, nous avons, en cette fin de XX$^e$ siècle, la possibilité et l'espoir de trouver une réponse. Et peut-être d'apprendre, pour notre plus grand bien. Résolus, tous ces problèmes devraient nous éclairer sur notre place dans l'univers et sur notre avenir.

Mon sentiment est que nous ne devrions pas être seuls dans cet univers. C'est pourquoi il faut absolument chercher et ne pas se fermer à une si formidable aventure. Le tout récent paradigme du cosmos biologique ne peut que nous encourager dans cette voie prometteuse ; si nous arrivons à accomplir une première détection de civilisation extra-terrestre, d'autres suivront en grand nombre dans les années suivantes. Nous pourrons alors envisager de former un nouveau peuple, un peuple interstellaire, avide de faire connaissance et nous nous étonnerons que cette nouvelle richesse n'ait pas été recherchée avec plus de résolution.

# Vers la reconnaissance
# scientifique

Le 12 octobre 1992, 500ᵉ *Colombus Day* aux États-Unis, a été choisi symboliquement par la NASA pour inaugurer officiellement, sur le plan national, le nouveau système SETI conçu, étudié, promu, défendu, réalisé et financé par elle, tout au long d'une longue période de vingt-deux ans. John Billingham, en sa qualité de directeur du programme, a lancé ses invitations au printemps : « Les observations commenceront pendant les cérémonies, la recherche sur cibles à Porto Rico au radiotélescope d'Arecibo, le balayage du ciel au complexe des communications spatiales profondes du Jet Propulsion Laboratory à Goldstone en Californie [...] Frank Drake et Philip Morrison à Arecibo, Carl Sagan à Goldstone, parleront de l'aventure. Puis, les équipes d'ingénieurs remettront les systèmes de détection aux deux directeurs scientifiques. Quelques minutes plus tard, Jill Tarter et Samuel Gulkis, simultanément, commenceront officiellement les deux recherches [...] Les données récoltées au cours des quelques premières minutes surpasseront le total de toutes les recherches faites auparavant. »

L'instant sera grandiose. Les gestes qui actionneront les deux petits interrupteurs seront comparables aux premiers pas de Christophe Colomb sur le sol de Guanahani et à ceux de Neil Armstrong sur la Lune en 1969. On ne voit encore aucun rivage : on ne sait quand les ondes en révéleront un, ni à quoi il ressemblera ; en fait SETI vient juste, comme Colomb dans sa caravelle, ou comme Armstrong dans son vaisseau spatial, de se mettre en route vers l'inconnu. Il faut attendre de débarquer pour savoir. Si le faible clignotement d'un phare apparaît dans les profondeurs cosmiques, il aura gagné. Il saura qu'il y a d'autres mondes, nombreux probablement ; car s'il en trouve un, beaucoup d'autres seront découverts. Un des leitmotive les plus connus du siècle dernier, issu de Camille Flammarion, prendra une actualité nouvelle : « N'est-il pas étrange que les habitants de notre planète aient presque tous vécu jusqu'ici sans savoir où ils sont et sans se douter des merveilles de l'Univers ? »

Pense-t-on réellement qu'après quelques minutes d'écoute, qui vaudront plus que les trente-deux ans passés, un bip-bip se fera entendre ? Non, la quête ne fait que débuter, et au bout d'un quart d'heure, les personnalités officielles commenceront à se lasser et le monstrueux ordinateur entreprendra tout seul sa longue veille d'une dizaine d'années. Régulièrement, au cours des semaines, des mois, des ans, il sera ausculté, vérifié, entretenu, pour que son cœur batte sans défaillance à raison des 130 millions de coups par seconde, ce pourquoi il a été construit... Si un signal anormal se présente, de lui-même il donnera l'alerte, et ce sera le branle-bas de combat ; le réseau global sera mis sous tension, pour, bien souvent, constater que ce n'était qu'un faux espoir.

Quand le vrai signal sera-t-il capté ? Dans une semaine, ou dans un siècle ! Pendant ce temps, scientifiques, ingénieurs, techniciens, s'efforceront de construire des milliards de canaux, de détecter des signaux encore plus complexes, d'explorer d'autres plages de fréquences, d'élaborer de nouvelles stratégies. SETI doit aboutir !

*La naissance de SETI*

Le chemin qui a mené à cette inauguration historique a été long ! Il a pris toute une génération. Cependant la naissance de SETI a été subite : au début des années 1960, Drake accomplit la première écoute, Cocconi et Morrison, puis Kavdashev publient leurs articles ; Drake et Oliver organisent la première conférence SETI sous les auspices de l'Académie des sciences américaine, tandis que l'Académie des sciences soviétique finance les premières recherches. Côté soviétique, Shklovsky publie en 1962 un livre important sur l'intelligence dans le cosmos, tandis qu'en 1964, Kardashev, Troitskii et quelques collègues organisent à l'Observatoire de Byurakan, en Arménie, leur première conférence SETI. La première initiative internationale est due à l'Académie internationale d'astronautique (IAA) : un de ses dix comités, le Comité SETI, est créé en 1966 par Rudolf Pesek, professeur d'aérodynamique à l'université technique de Prague. En 1968, John Billingham arrive au Ames Research Center, après avoir inventé le sous-vêtement à circulation d'eau pour les scaphandres spatiaux. C'est à lui que l'on doit la création, en 1970, du premier groupe d'étude pour la détection de signaux extra-terrestres. Il nomme Bernard Oliver chef de la première grande prospective, le Projet Cyclops, un chef-d'œuvre technique, projetant d'intégrer progressivement un ensemble immense de 1 000 radiotélescopes de 100 m de diamètre chacun.

Une autre étape importante a été une toute petite note perdue dans un énorme rapport ; quand on commence à créer un nouveau domaine d'exploration, il faut souvent partir d'un petit rien, qui pourra, si le champ est valable évidemment, aider à le mettre en selle. Il s'agit du rapport de la réunion de 1979 de la World Administrative Radio Conference, chargée de préparer, pour les Nations-Unies, les règles d'utilisation et de partage des ondes radio. La minuscule note numéro 722 disait que « dans les bandes telles et telles, des recherches passives sont menées par quelques pays dans un programme de recherche d'émissions d'origine extra-terrestre ».

Puis en 1982, Carl Sagan fait circuler dans les milieux scientifiques une pétition sur l'intelligence extra-terrestre. Rappelant les mérites scientifiques, les bénéfices, l'intérêt de SETI et les menaces de plus en plus inquiétantes engendrées par les pollutions radio, il insistait sur la nécessité d'entreprendre rapidement cette recherche de signaux qui, seule, peut nous aider à nous renseigner sur l'existence de civilisations dans l'univers. Cette pétition a reçu la signature de 70 scientifiques de nombreuses disciplines et de nombreux pays, dont un Français.

La même année, une étape importante est franchie : l'Union astronomique internationale (UAI), qui regroupe les 7 000 astronomes professionnels du monde, crée une 51ᵉ commission : elle s'intitule « Bio-astronomie, la recherche de vie extra-terrestre ». Son but est d'organiser les recherches de vie dans le cosmos entreprises par les astronomes, selon sept objectifs principaux :
1 – la recherche de planètes dans d'autres systèmes solaires,
2 – l'évolution des planètes et leurs possibilités pour la vie,
3 – la détection de signaux radio extra-terrestres,
4 – la recherche de molécules organiques dans le cosmos,

5 – la détection d'activité biologique primitive,
6 – la recherche de manifestations de civilisations avancées,
7 – la collaboration avec d'autres organisations internationales :
biologiques, astronautiques...

D'emblée, cette commission devient, après celle des galaxies et celle de radio-astronomie, une des plus respectables de l'Union, groupant 300 membres. Elle ne représente que 4 % des astronomes professionnels, et ces membres ne sont pas tous impliqués dans un travail actif de bio-astronomes. Pourtant, le nombre des adhérents témoigne d'un intérêt très vif pour la recherche de vie extra-terrestre. La moitié des autres commissions ont des rapports interdisciplinaires avec cette recherche. C'est pourquoi le septième objectif est important car, très souvent, les grandes percées proviennent de collaborations entre disciplines différentes.

Les années 1980 ont été marquées par de nombreux ateliers et colloques réunissant de petits groupes de spécialistes. Leur ambiance ressemblait à celle que j'ai décrite à propos du projet Rosetta. Avec la reconnaissance de la bio-astronomie par l'UAI, on a vu le début des grands symposiums internationaux, beaucoup plus structurés et interdisciplinaires. Ils ont connu un vif succès ; les comptes-rendus des travaux présentés et des discussions qu'ils ont suscitées forment des compendiums de base pour la nouvelle discipline. Le premier a eu lieu aux États-Unis, à Boston, avec le sous-titre « Développements récents », et le second, centré sur « Les prochaines étapes », à Balaton, en Hongrie, suite à un long intérêt pour SETI manifesté par l'Europe orientale. J'ai proposé, par un souci d'équilibre, d'organiser le troisième en Europe occidentale, et plus particulièrement en France. Le thème était « L'exploration s'élargit » et, avec le co-organisateur scientifique Mike J. Klein, directeur de SETI au JPL, nous avons cherché à attirer des contributions provenant de connexions interdisciplinaires très ouvertes. Le prochain symposium se tiendra en Californie en 1993, grâce à l'aimable invitation de Frank Drake, dans son université. Juste hommage à ses contributions innombrables et originales. Enfin, John Billingham projette la tenue en 1994 d'un symposium de l'IAA sur « SETI et la société », où, à l'invitation des scientifiques, une centaine de spécialistes discuteront des aspects culturels, politiques, légaux, journalistiques, religieux, sociologiques, psychologiques, historiques, littéraires et artistiques de SETI. Sur ma proposition, la France, forte de sa longue tradition de culture universelle, accueillera en sa ville de Chamonix-Mont Blanc cette très large confrontation où écloront des éléments de réponses aux très nombreuses questions déjà soulevées dans ces domaines.


## L'Année spatiale internationale

Des initiatives ont été prises à l'occasion du 500ᵉ anniversaire de la traversée de l'Atlantique par Christophe Colomb. Les scientifiques du monde entier, par l'intermédiaire de leurs unions internationales, ont décidé que 1992 serait l'Année spatiale internationale, destinée à planifier, coordonner et entreprendre en commun une étude globale de notre planète, avec les puissants moyens d'observation spatiale développés ces dernières décennies. Il faut remonter à 1957 pour trouver une semblable initiative avec l'Année géophysique internationale, où notre globe était déjà l'objet d'études concertées à grande échelle, mais sans moyens spatiaux encore, puisque cette année même Spoutnik I réalisait le premier vol orbital. Dans le cadre de l'Année spatiale, on a aussi décidé de tenir un Congrès spatial mondial, rassemblant des milliers de scientifiques, d'ingénieurs, d'administrateurs et de décideurs dans le domaine spatial, pour neuf jours de symposiums, séminaires, conférences, sur les thèmes de la découverte, de l'exploration et de la coopération. Cette vaste confrontation a été placée sous la responsabilité de deux grandes organisations : le Comité de recherche spatiale (COSPAR) et la Fédération internationale d'astronautique (IAF), en coopération avec l'Académie internationale d'astronautique et l'Institut international de droit spatial.

Les travaux de ce congrès seront d'une grande importance pour notre avenir. Ils nous aideront à protéger notre planète Terre et, tout d'abord, à mieux comprendre le fonctionnement fragile et complexe de sa biosphère. N'oublions pas que si l'humanité n'a pas encore de contrôle sur l'intérieur de la Terre, ni sur l'espace lointain (fort heureusement d'ailleurs, à cause des bévues initiales dont elle est en général l'auteur), elle agit de façon essentielle sur sa biosphère, dont en retour elle dépend, à la vie ou à la mort. Songeons aussi que souvent, lorsqu'on fait référence au vaisseau spatial sur lequel nous sommes tous embarqués pour un destin commun, on le voit comme un globe massif et solide de 40 000 km de circonférence. En fait, c'est une image trompeuse, car nous dépendons essentiellement d'une entité ténue, fine, délicate, à l'équilibre instable et encore mystérieux : la biosphère. Cette pellicule sphérique englobe la Terre, depuis le fond des mers ou seulement de quelques décimètres sous la terre arable des continents (quand il s'en trouve !), jusqu'à la troposphère ou la basse stratosphère. Comparée au globe, la biosphère, où réside toute vie, n'est pas plus épaisse qu'une peau d'un millimètre sur une sphère d'un mètre. Mais si le Congrès mondial de l'espace doit apporter des éléments indispensables et précieux pour la protection de notre havre, il devrait aussi, ce qui n'est pas moins important, nous sensibiliser sur l'urgente nécessité de ce sauvetage. Si certaines des mesures protectrices ou préventives qui émergeront seront des affaires de longue haleine pour le XXI<sup>e</sup> siècle, d'autres, relatives par exemple à la diminution de l'ozone atmosphérique, doivent être entreprises dès maintenant.

Parmi les nombreux symposiums du Congrès mondial, la place de SETI a été honorée. C'est un signe *nouveau* et *important* de reconnaissance. Quoi de plus naturel, en fait, puisque SETI est actuellement l'ultime expression dans le grand art de l'exploration spatiale. En distance, il est probable qu'il n'atteindra pas les records des quasars, mais en profondeur de connaissance, parmi les étoiles et les galaxies qui parsèment le cosmos, il pourrait révéler des sommets inouïs. Imagine-t-on un seul astre, un seul processus physique, plus complexe et plus élaboré qu'une civilisation avancée ?


*SETI et l'Europe*


Devant le géant que représente la NASA, dont le budget SETI est passé de 2 millions de dollars annuels à 14 en dix ans, on pouvait penser que l'Europe ne compte pas pour beaucoup. C'est vrai quant aux crédits. Mais, même en excluant l'ex-Union Soviétique, l'intérêt scientifique que suscite SETI est important en Europe aussi. C'est à un Tchécoslovaque que l'on doit la création du Comité SETI, dont la majorité des membres était européenne ; actuellement, l'Europe y figure pour un quart et son vice-président est hongrois. Le Comité directeur de l'IAA est à majorité européenne et l'éditeur-en-chef des *Acta Astronautica*, journal créé par l'Académie, est français. Les 300 membres de la Commission de bio-astronomie sont pour un quart européens, avec un secrétaire français. Quant aux trois symposiums de bio-astronomie qui se sont tenus, l'un l'a été en Hongrie et l'autre en France. Un quart des articles scientifiques publiés sur SETI sont dus à des Européens. Les premiers contributeurs sont la France, l'Autriche et l'Italie, suivis par la Hongrie puis par l'Allemagne, le Royaume-Uni, la Pologne et les Pays-Bas.

La France est la seule à effectuer des recherches réelles de signaux avec le radiotélescope de Nançay, mais l'Italie projette de se lancer aussi dans l'aventure avec la Grande Croix du Nord, à Bologne. Ce vaste instrument, un interféromètre composé d'un cylindre parabolique de 534 m de long et 35 m de large et de 64 autres cylindres de 24 m × 8 m, permettrait de balayer, grâce au mouvement diurne, tout le ciel de l'hémisphère Nord. Stelio Montebugnoli, de l'Institut de Radioastronomie du Centre national de recherches (CNR), se propose de connecter un système SETI d'acquisition de données derrière la Grande Croix. De plus, Christiano Batalli-Cosmovici, conseiller scientifique auprès du gouvernement italien, physicien réputé et ancien candidat astronaute, met sur pied un programme de bio-astronomie pour le CNR. Ces projets permettront peut-être à l'Italie, dont la tradition spatiale date des premières heures, de renforcer les efforts intéressants déployés par l'Europe pour SETI.

La France n'est pas en reste. C'est ainsi que j'ai proposé en 1989 un projet de réseau global SETI. Au cas où un signal candidat serait détecté, une action commune rapide de la part des personnes effectivement engagées dans le travail journalier sur SETI sera nécessaire, action que le réseau aura pour but de coordonner. Ma proposition a reçu le soutien du Comité SETI de l'IAA et de la Commission de bio-astronomie de l'UAI. Les domaines typiques, que le réseau aurait à considérer, portent sur les stratégies SETI, les récepteurs et les détecteurs, les parasites radio, la logistique, les tests en temps réel pour vérifier sur-le-champ les alertes et pour suivre en continu des signaux candidats, l'entraînement pour les actions communes immédiates, et enfin l'intercommunication par un réseau rapide de communications. La NASA aura en principe son propre réseau interne, mais, malgré la puissance de son entreprise, il est indispensable de la connecter à l'ensemble des autres recherches SETI, déjà en cours ou en projet à travers le monde.

Grâce à sa contribution importante, fondée sur une tradition déjà ancienne mais qui était restée dans l'ombre, l'Europe se doit de jouer un rôle sans cesse plus actif. L'engagement en France du grand radiotélescope de Nançay a donné l'exemple. L'initiative ne doit pas rester isolée.

## Le grand radiotélescope de Nançay

En pleine forêt solognote, à 200 km au sud de Paris, s'élèvent les grands panneaux grillagés du radiotélescope de Nançay. Cette forêt de bouleaux et de pins, au sol tapissé de bruyères, parsemé d'étangs discrets, d'anciens manoirs cachés au détour d'un chemin se lovant sous les ombrages, a été choisie, il y a une génération, pour abriter la naissante radioastronomie française. Beaucoup d'entre nous aiment quitter l'Observatoire de Meudon, pourtant un site merveilleux, pour mener à Nançay leurs semaines d'observation.

Sous l'impulsion clairvoyante d'Yves Rocard, professeur de physique à l'École normale supérieure, du tout jeune Jean-François Denisse, qui devait bientôt devenir directeur de l'Observatoire de Paris, théoricien des ondes et des plasmas, et de Jean-Louis Steinberg, le futur créateur de la radioastronomie spatiale française, l'École normale acquit en Sologne un vaste terrain triangulaire d'un kilomètre et demi de côté pour y réserver un havre dégagé au maximum des parasites radio des entreprises humaines. Cet isolement réduisait aussi le coût de l'opération : les pionniers doivent commencer petit.

Vers la fin des années 1950, les premiers succès astrophysiques étaient enregistrés par l'intermédiaire de la raie de 21 cm de l'hydrogène neutre. Les pionniers de l'École normale, accueillis à l'Observatoire de Paris par son directeur, André Danjon, le Roi Soleil de l'Astronomie française du $XX^e$ siècle, décidèrent alors de doter la France d'un radiotélescope géant pour sonder le monde des galaxies. Dans une large clairière de vingt hectares dégagée dans le sud du terrain réservé, ils montèrent par morceaux le vaste ensemble métallique qu'ils avaient conçu et l'équipèrent peu à peu de récepteurs de plus en plus sensibles.

Le 15 mai 1965, le président Charles de Gaulle, guidé par J.-F. Denisse, inaugura « le plus grand radiotélescope du monde ». Leur première conversation tourna autour de SETI et la prétendue détection d'un signal extra-terrestre, en provenance de CTA 102, dont la *Pravda* avait fait état le 14 avril. J.-F. Denisse révéla au Général qu'il s'agissait en fait d'un message on ne peut plus naturel. Aussitôt, le Président décida d'appeler l'ambassadeur d'URSS pour « lui montrer qu'en France, on ne peut pas nous raconter n'importe quoi ».

Depuis un quart de siècle, le radiotélescope de Nançay dresse ses structures fonctionnelles, toujours impeccables sous leur peinture argentée, toujours aussi précises, grâce à un entretien vigilant. Ses deux immenses panneaux invitent l'univers à visiter les Terriens. Par sa conception, le radiotélescope permet de capter les ondes de tout astre passant au méridien, depuis l'horizon sud jusqu'au pôle nord. Les ondes radio arrivent d'abord sur un vaste rectangle finement grillagé, de 200 m de long sur 40 m de haut, mobile autour d'un axe horizontal Est-Ouest. En inclinant plus ou moins ce réflecteur, plan à quelques millimètres près malgré sa grande taille, on renvoie les ondes sur un autre réflecteur, fixe au sol, à 500 m en face de lui, vers le sud, long de 300 m et haut de 35 m. Celui-ci est incurvé, de sorte que les ondes reçues se concentrent en un point, le foyer, situé au milieu des deux réflecteurs, à quelques mètres au-dessus du sol. C'est en ce point qu'est disposé le système focal collecteur, essentiellement un entonnoir métallique calibré, le cornet focal, qui dirige les ondes dans un conduit, calibré aussi ; ce guide d'ondes aboutit en définitive à un dipôle, où les faibles champs électromagnétiques reçus induisent de très faibles courants, aussitôt amplifiés par les récepteurs proprement dits. Ce système permet d'observer une large portion du ciel, jusqu'à 40° vers le sud, tout en minimisant les parties mobiles des vastes surfaces, deux hectares de grillage en tout. D'autre part, le cornet focal est monté sur un chariot mobile sur rails afin de pouvoir suivre le foyer pendant une heure. Le récepteur a ainsi la possibilité de faire de longues poses sur l'objet visé, augmentant d'autant la sensibilité des observations. Le déplacement du chariot est asservi par un ordinateur assurant le parfait suivi de l'astre au cours de son mouvement vers l'ouest dû à la rotation de la Terre.

*Une collaboration NASA/Nançay ?*

Ce sont ces qualités propres au grand radiotélescope de Nançay qui m'ont incité, en février 1985, lors d'une réunion de prospective de l'Observatoire de Paris, à proposer une collaboration à vaste échelle pour SETI avec le système à 10 millions de canaux développé par la NASA. Une copie du système de la NASA serait installée par les soins des Américains derrière le radiotélescope de Nançay, en échange de son utilisation en commun pour SETI pendant une période importante à définir.

Deuxième radiotélescope du monde par sa surface de captation, après celui d'Arecibo, pour les ondes décimétriques SETI, Nançay est un atout important sur la scène internationale. En 1987, il a été favorablement évalué par la NASA, qui déclare dans un rapport qu'« il est bien adapté à cause de sa grande surface, de sa vaste couverture du ciel, de ses possibilités dans une large bande de fréquences. Cependant il faut apporter des améliorations pour tirer tout l'avantage de l'instrument : écrans protecteurs contre les parasites extérieurs, système focal plus efficace, amplificateurs plus sensibles ».

Du reste, en 1989, lors de visites d'instituts américains engagés dans SETI, je vis sur le vif que le même problème d'amélioration du système focal existait aussi pour le radiotélescope d'Arecibo. Apercevant des personnes s'affairer sous le trou central aménagé au bas du bol immense de 300 m de diamètre, je demande à mon guide de m'y mener. Marcher sous la voûte métallique inversée, sur un sol tapissé d'un paradis végétal par l'effet de serre qu'il induit, dans sa lumière glauque, crée une impression étrange. Là je vois une nacelle sphérique, contenant deux réflecteurs elliptiques, prête à s'élever par le trou vers le foyer, à 150 m au-dessus de nous. La personne qui dirigeait cette insolite ascension, Lynn Baker, directeur du Laboratoire de développement des antennes à l'université de Cornell, où se trouve la direction d'Arecibo, au National Astronomy and Ionospheric Center, me dit : « On l'essaie demain... C'est un modèle réduit du nouveau système focal ; il remplacera l'énorme " crayon ", bardé de dipôles, tout à fait désuet, qui date des débuts. En jouant sur les formes et les positions de ces réflecteurs secondaire et tertiaire, on va transformer ce bol vétéran en un radiotélescope de nouvelle génération, dix fois plus efficace. » Pour aller à l'essentiel du tour de force technologique, disons qu'avec le secondaire, on s'arrange pour ne recevoir aucun rayon radio émis par le sol à la bordure extérieure du bol – car le sol, à 300 K, émet énormément d'ondes « aveuglantes » – et, avec le tertiaire, on s'arrange pour que les rayons de l'astre réfléchis par tout mètre carré de la surface du bol soient reçus avec le maximum d'efficacité.

Dans bien des systèmes anciens, les bords et le centre sont mal utilisés, réduisant d'autant la surface effective de captation. En plus, la nacelle protégera des parasites radio venant frapper directement le foyer. Enfin, après leur trajet en zigzag entre les réflecteurs secondaire et tertiaire, les rayons s'engouffreront dans un cornet tout proche, niché à l'abri des parasites, et de là vers le récepteur.

La potion magique du système à double réflecteur peut-elle être appliquée à Nançay ? Il deviendrait alors un radiotélescope de nouvelle génération et pourrait servir la radioastronomie pour vingt ans de plus ! Selon Lynn Baker, le cas de Nançay était *a priori* plus complexe que celui d'Arecibo, sa surface de captation étant très allongée au lieu d'être circulaire. Mais ses premiers calculs, couplés à d'autres dus à Sebastian von Hoërner, une haute figure de la radioastronomie, ont montré qu'effectivement le système de Baker pourrait convenir à Nançay. Depuis, les membres du groupe « Antennes » du radiotélescope, sous la direction de Gabriel Bourgois, directeur de recherches au CNRS à Meudon, s'accrochent au dur problème du double réflecteur. En 1992 l'étude est menée en phase A. Cette phase doit permettre de préciser les dimensions des réflecteurs, facteurs déterminants dans le coût final.

À la fin de 1990, en prévision d'une éventuelle venue, la NASA nous a envoyé deux de ses systèmes pour évaluer le fond de parasites, qui, s'il est trop fort, est une gêne majeure pour des observations délicates. Ô merveille ! Ils ont montré que Nançay était, avec Greenbank, en Virginie, l'un des deux meilleurs sites du monde. Ce résultat doit provenir du fait que notre radiotélescope a un profil très bas, au ras du sol, lové au sein d'une vaste forêt plate faisant écran aux parasites, dans une région peu industrialisée. Encouragés par ces résultats, Éric Gérard, directeur de recherches au CNRS à Meudon, grand ennemi des parasites, et Bernard Darchy, ingénieur récepteur à Nançay, agissent auprès de la Région pour déclarer l'environnement zone non polluée radioélectriquement. Ils ont aussi entrepris l'étude d'un grillage protecteur englobant tout l'instrument, comme pour un vaste court de tennis.

# Bibliographie


« L'exobiologie : la vie dans l'univers », *L'Astronomie*, numéro spécial, A. Brack et F. Raulin éd., décembre 1989.

*Comptes rendus des symposiums de bio-astronomie :*

« The Search for Extra-Terrestrial Life : Recent Developments », *International Astronomical Union Symposium*, n° 112, M. D. Papagiannis éd., Boston, USA, Reidel Pub. Co., 1984.

« Bioastronomy, The Next Steps », *International Astronomical Union Colloquium*, n° 99, G. Marx éd., Balaton Hungary, Kluwer Ac. Pub., 1987.

« The Search for Extra-Terrestrial Life : The Exploration Broadens », *Third International Bioastronomy Symposium*, J. Heidmann and M. J. Klein éd., *Lecture Notes in Physics*, n° 390, Val Cenis France, Springer-Verlag, 1990.

*Comptes rendus des forums SETI de l'Académie internationale d'astronautique :*

« SETI, The Search for Extra-Terrestrial Intelligence », C. L. Seeger et A. R. Martin éd., *Acta Astronautica*, numéro spécial, vol. 19, n° 11, Pergamon Press, 1989.

« SETI Post Detection Protocol », J. C. Tarter and M. A. Michaud éd., *Acta Astronautica*, numéro spécial, vol. 21, n° 2, Pergamon Press, 1990.

« SETI 3, The Search for Extra-Terrestrial Intelligence », J. Heidmann éd., *Acta Astronautica*, numéro spécial, Pergamon Press, 1992, sous presse.

# Table des matières



PREMIÈRE PARTIE

*La perspective bio-astronomique*

**DEUXIÈME PARTIE**

*Les extra-terrestres*

Imprimé par Lightning Source France
1 avenue Gutenberg
78310 Maurepas

N° d'impression :
N° d'édition : 738-10183-Y